华南园林植物鉴别丛书

华南地区园林植物识别图解——灌木篇

深圳市国艺园林建设有限公司　编

何国强　主编

中国建筑工业出版社

图书在版编目（CIP）数据

华南地区园林植物识别图解——灌木篇 / 何国强主编．—北京：中国建筑工业出版社，2017.11

华南园林植物鉴别丛书

ISBN 978-7-112-21330-6

Ⅰ.①华… Ⅱ.①何… Ⅲ.①园林植物—灌木—识别—华南地区 Ⅳ.①S688

中国版本图书馆CIP数据核字（2017）第252811号

根据植物的生长习性通常把园林植物划分为乔木、灌木、藤蔓类和草本植物等类别，灌木在我们环境绿化中是不可缺少的一类植物。本书介绍了华南地区园林绿地常用的阔叶类灌木160种（含个别小乔木、灌木状草本、风景林地乡土灌木等），隶属40科85属。本书是简明扼要，照片详实的图鉴类手册，既有植物局部形态特征的图解展示，又有植物应用的实景。可按图比对快速识别，也可通过文字描述的特征核准。书中还对各种植物的习性及园林应用作了简要介绍，不仅适合广大园林建设实际工作者使用，同时适合热爱自然、喜欢植物、希望认识并了解身边更多园林植物知识的广大朋友阅读，也可作为相关专业院校学生的实习手册。

责任编辑：曲汝铎　张　磊
责任校对：李美娜　焦　乐

华南园林植物鉴别丛书
华南地区园林植物识别图解——灌木篇
深圳市国艺园林建设有限公司　编
何国强　主编

*

中国建筑工业出版社出版、发行（北京海淀三里河路9号）
各地新华书店、建筑书店经销
北京京点图文设计有限公司制版
北京中科印刷有限公司印刷

*

开本：880×1230毫米　1/32　印张：5⅞　字数：120千字
2017年12月第一版　2017年12月第一次印刷
定价：58.00元
ISBN 978-7-112-21330-6
（29993）

编写人员

主　　编： 何国强

参编人员： 王杰晴　张　雄　罗华香　张昌蓉
袁丽丽　赵　峰　沈瑞芳　洪燕旋
邓惠娟　唐佳梦　石燕珍　李富强
戴耀良　张晓娜　歆　哲　刘　喆
吴耀珊　计　波　刘玉纯　李　超

摄影人员： 何国强　李富强　张　斌等

封面设计： 陈正贵

序 / PREFACE

增强生态文明建设的战略已列入国家"十三五"规划，城市生态与景观环境建设是"美丽中国"的主要内容。以园林植物为主题的城市园林绿地空间，在现代城市生态建设中彰显出无可比拟的作用，而如何科学合理配置园林植物、设计营造城市景观的前提就需要我们对园林植物知识的熟悉掌握以求得心应手。认知植物，了解植物生态习性，汲取植物栽培养护等知识，将能更好地服务城市绿化建设，走可持续发展之路。

《华南园林植物鉴别》丛书的特色是通过"一物多图、图片注解"形式详尽展示植物形态特征，尤其是叶片的特征。介绍的植物皆为华南地区城市园林绿化常用。丛书是主编借助深圳市科技创新（项目编号：CXZZ20120614104656623）研究等项目积累的植物形态特征图片，组织专业技术人员编辑而成。书中图文并茂、详略得当、主次分明，专业性强、实用性强，亦适合不同阶层的爱好者阅读。

我从事植物分类学研究近六十年，深知我国植物资源丰富、种类繁多，若非长期从事相关科研项目人员，要大量认知植物颇有难度。在当今快节奏生活的城市中，短期内欲快速识别身边的园林植物并了解掌握其应用，此书正可助你一臂之力。

华南农业大学教授 李秉滔

2016年7月2日

随着社会、经济的飞速发展和人民生活水平的提高，人们对提高人居环境质量的要求愈发迫切，园林绿化越来越受到全社会各阶层人士的广泛关注，花草树木也越来越受人们的喜爱。植物不仅是人类生存的重要食物来源，也是人类改善环境不可缺少的造景元素。因此，人类只有充分认识植物，深入了解植物才能更好地利用植物资源为人类服务。园林及其相关专业技术人员在园林规划设计、施工、工程监理及日常养护工作中，必须具备相对丰富的园林植物相关知识，认识植物是重要环节。但在实际工作中，园林行业相关人员，特别是设计及工程监理人员，对植物的认知严重不足，不仅缺乏植物生态习性、栽培养护的知识，甚至认识的植物也甚少。可想而知，仅以有限的植物或有的设计人员在仅知道植物名称而连乔灌木还未分清的情况下进行植物配置而成的园林景观，效果往往是不可持续的。

作者认为在我国华南地区，特别是珠三角区域从事园林植物配置相关工作，至少应熟悉500多种园林植物，最好能熟悉800多种园林植物才能得心应手地创作出经得住时间考验的、可持续的园林景观。作者借助深圳市科技创新项目（深圳园林植物物种图像数据库与计算机智能识别系统的开发研究），在深圳大学、深圳市国艺园林建设有限公司的支持下，对珠三角地区及深圳市常见的园林植物及其应用作了大量的调查。通过采集植物标本和对植物形态特征的拍照，构建了一套园林植物图像数据库，特别是积累了大量植物叶片细部特征图片等珍贵资料。结合园林应用习惯，依植物生长习性，按乔木、灌木、草本花卉及地被植物等分册陆续出版。灌木篇（分册）收录了园林景观绿化的灌木160种，隶属40科85属，科序按哈钦松系统（Hutchinson，1959），科下属种排列以学名的字母次序排列，拉丁名主要依据《Flora of China》。

本书的特色是通过图解的形式详尽地展示植物形态特征，考虑到植物花果不常见。因此，尽可能突出介绍植物其他特征，尤其是叶的特征。读者阅读本书时需要注意：1. 关于花期，园林植物的花期不仅受到气候变化的影响，而且栽培管理措施干扰很大。如假苹婆在深圳的花期是4~5月，在海南三亚3月份已果实累累。因此，书中植物的花期主要记录广东地区的表现，与某些资料的记载有一定的差别，部分植物因缺乏观察记录仍以文献资料为主；2. 关于植物的分布范围，主要介绍植物在国内的分布及目前栽培区域；3. 关于常绿与落叶性状，同一植物物种在不同的气候地区可能会表现为常绿、落叶或半落叶不同的状况，如我们常见的鸡蛋花（*Plumeria rubra* ‘Acutifolia’），在我国华南地区的表现是落叶的，而在泰国等东南亚国家则是全年常绿的。因此，书中关于常绿与落叶性状的描述大都符合华南地区的状况。个别树种在海南岛的表现有差异，如印度紫檀（*Pterocarpus indicus*）在广东是落叶的，在海南岛则表现为常绿的；4. 近年来一些企业及技术人员不规范地使用丛生、多头等用词来描述乔木，如把水蒲桃（*Syzygium jambos*）分枝低的形态特征表述为丛生状，把秋枫（*Bischofia javanica*）、母生（*Homalium hainanense*）被人畜损伤后萌生的枝干描述为多头秋枫、多头母生，这种表述是以讹传讹，作者借此机会以正视听。

由于我们水平有限，书中疏漏和不足在所难免，谨请专家和读者批评指正。

目 录 CONTENTS

含笑 *Michelia figo*

别名：含笑美、含笑梅、山节子、香蕉花

常绿灌木，高达 5m。树皮灰褐色，芽、嫩枝、叶柄、花梗均密被黄褐色绒毛，托叶痕长达叶柄顶端。花瓣淡黄色，有时基部及边缘呈红色或紫色，具甜浓的芳香。聚合果长 2 ～ 3.5cm。蓇葖卵圆形或球形，顶端有短尖的喙。花期 3 ～ 5 月，果期 7 ～ 8 月。

习性

宜在半阴场所，忌强光直射，忌积水。

分布

华南地区露天栽培。

应用

孤植、丛植或盆栽观赏。

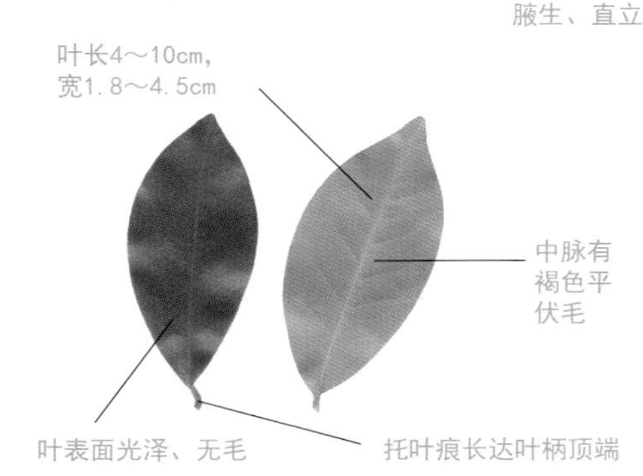

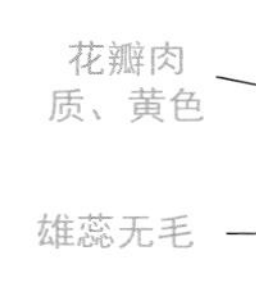

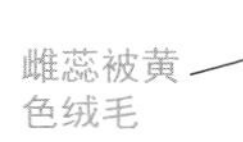

紫玉兰 *Magnolia liliflora*

别名：辛夷、木笔

落叶灌木，高达 3m。树皮灰褐色，小枝绿紫色或淡褐紫色。叶椭圆状倒卵形或倒卵形，基部渐狭沿叶柄下延至托叶痕，叶面深绿色，叶背灰绿色，沿脉有短柔毛；托叶痕约为叶柄长之半。花叶同时开放，花被片紫绿色，内两轮肉质，外面紫色或紫红色，内面带白色，花瓣状，椭圆状倒卵形，花朵繁多，分布均匀。一年内可二次开花，盛花期 2 ～ 3 月，

习性

喜光，不耐阴；较耐寒；喜肥沃、湿润、排水良好的土壤。

分布

福建、湖北、四川、云南西北部、广东有栽培。

应用

用于山坡、庭院、路边、建筑物前，孤植，丛植或群植。

叶倒卵形
叶背灰绿色

深绿色

叶基部下延

叶长8～18cm，
叶宽3～10cm

托叶痕长达
叶柄的1/2

树皮灰褐色

花瓣外紫色

枝淡褐紫色

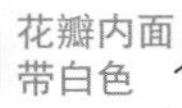

花瓣内面
带白色

紫玉盘 *Uvaria macrophylla*

别名：油椎、酒饼子、牛刀树、牛菍子

常绿直立或攀缘灌木。幼枝、幼叶、花序轴均被星状柔毛。叶革质，基部近心形或圆形。花 1 ～ 2 朵与叶对生，红色，每枚心皮有胚珠 6 ～ 8 颗，2 列。成熟心皮卵状，种子圆球形。花期 3 ～ 8 月，果期 7 月至翌年 3 月。

习性

喜阳光，耐旱，耐瘠薄。

分布

产于广西、广东和台湾。

应用

栽植于庭园周围或作盆景，常孤植或丛植。

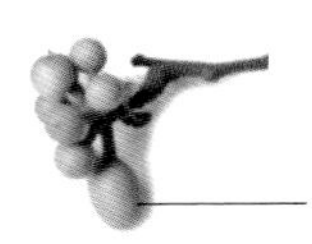

果实圆球形

顶端急尖

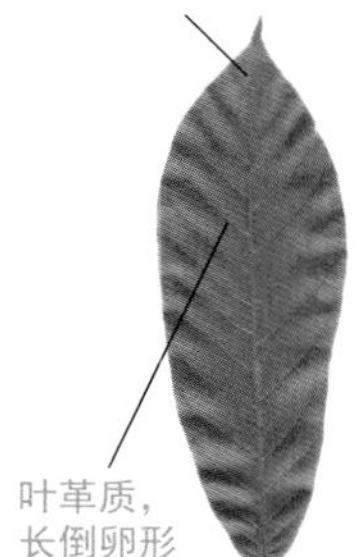

叶革质，
长倒卵形

花与叶对生

花红色，
花瓣卵形

兰屿肉桂 *Cinnamomum kotoense*

别名：平安树

常绿乔木。高达 15m，常呈灌木状，树皮黄褐色，小枝黄绿色。叶片卵形至卵状长椭圆形，叶面亮绿色，叶背灰绿色；离基 3 出脉明显，在叶面凹陷，在叶背凸起；网脉明显，呈浅蜂窝状；果卵球形。花期 3 ～ 4 月，果期 8 ～ 9 月。

习性

喜光，耐荫，喜温暖、湿润的环境；不耐寒，不耐旱，忌积水。

分布

原产台湾兰屿岛，华南有栽培。

应用

常作灌木应用，盆栽室内供观赏，绿化可孤植、丛植配置。

南天竹 *Nandina domestica*

别名：南天竺、红杷子、天烛子、红枸子、钻石黄

常绿灌木，高达3m。幼枝常红色；老枝灰色。2～3回羽状复叶，互生，集生于茎的上部，叶面深绿色，叶背叶脉隆起，总叶轴上有节；各级羽片对生；冬季叶变红色。圆锥花序顶生；花白色，浆果球形，熟时鲜红色。花期3～7月，果期6～11月。

习性

钙质土指示植物，耐微碱性土质。喜温暖、多湿及通风好的半阴环境，较耐寒。

分布

长江流域以南。

应用

地栽、盆栽或制作盆景，与景石配置最适宜。

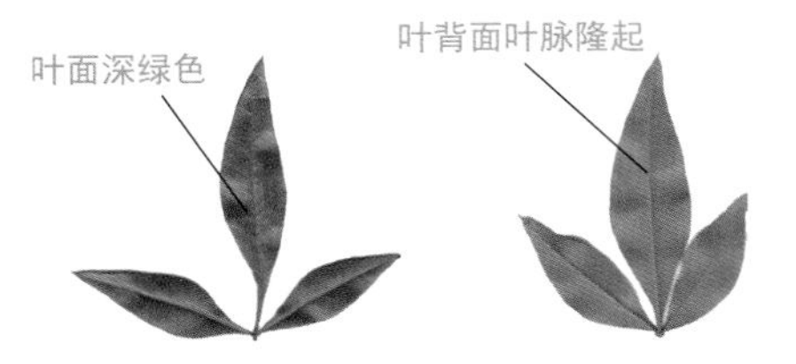

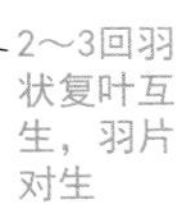

花白色

紫薇 *Lagerstroemia indica*

别名：痒痒树、痒痒花、剥皮树、小叶紫薇

落叶灌木，高 5 ～ 7m。树皮光滑；枝干多扭曲，小枝纤细。幼枝四棱形，稍成翅状。单叶，椭圆形至倒卵形。圆锥状花序着生于当年生枝顶端；花有紫红、粉红，花朵繁密。蒴果近球形。花期长，从夏初至秋末。

习性

喜温暖、湿润气候，能抗寒，萌蘖性强。稍耐阴，抗旱，忌积水。抗二氧化硫、氯气能力强。

分布

长江流域各地均有分布。

应用

常孤植或从植于草坪、林缘，也常用来制作盆景。

单叶对生

蒴果近球形

花朵繁密
花色：紫红/粉红

秋天变色叶

叶椭圆形

树干光滑，树皮剥落

白花紫薇 *Lagerstroemia indica* 'Alba'

落叶灌木，高 3 ～ 6m。树皮光滑。幼枝四棱形，稍成翅状。单叶对生或近对生，椭圆形至倒卵形。圆锥状花序着生于当年生枝顶端；花朵繁密，白色。花期长，蒴果近球形。花期夏季至秋季，果期秋冬季。

习性

喜温暖、湿润气候，稍耐荫；有一定的抗寒力和抗旱力。

分布

我国长江流域以南有栽培。

应用

常孤植或丛植于草坪、林缘。

花序生于枝顶，
花朵繁密，白色

单叶互生近对生

幼枝四棱形，
稍成翅状

花细小

蒴果近球形

叶椭圆形至倒卵形

叶全缘

小花紫薇 *Lagerstroemia micrantha*

落叶灌木，高 3m。枝圆柱形，叶纸质，椭圆形或卵形，长 4 ～ 8cm，宽 2 ～ 4.5cm，顶端急尖或渐尖，基部两侧常不等大，幼嫩时有微小柔毛，后仅沿中脉散生柔毛，侧脉 4 ～ 6 对。圆锥花序近塔形顶生，花多，细小；花芽近球形，长约 0.3cm（连长 0.15cm 的柄状基部），直径 0.15 ～ 0.2cm，花萼两面无毛。花期 4 ～ 8 月，果未见。

习性

矮性，早花，稍耐荫；喜温暖、湿润气候，有一定的抗寒力和抗旱力。

分布

我国台湾，广东有栽培。

应用

是优良的木本开花植物和盆栽花卉。景观绿化常孤植、丛植或列植。

叶纸质，椭圆形或卵形

叶顶端急尖或渐尖

叶基部两侧常不等大

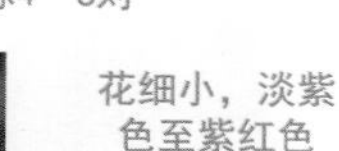

侧脉4～6对

枝圆柱形，无毛，叶互生，近无柄

花细小，淡紫色至紫红色

南紫薇 *Lagerstroemia subcostata*

别名：苞饭花、九荆、枸那花、构那花、蚊仔花

落叶乔木或灌木，高达 14m。树皮光滑，常剥落。叶近对生，长椭圆形或卵形，全缘，叶色浅绿。圆锥花序顶生，长 5 ～ 10cm；为小型两性花。花冠白色或玫瑰色，花瓣 6 枚，卷皱。蒴果，褐色，椭圆球形，直径 0.5 ～ 0.8cm。花期 6 ～ 8 月；果期 7 ～ 10 月。

习性

喜温暖、湿润气候，稍耐荫；有一定的抗寒力和抗旱力。

分布

华东地区及广东、广西、四川、青海等地。日本也有分布。

应用

适作庭园、道路绿化配植观赏，常孤植、丛植或列植。

石榴 *Punica granatum*

别名：月季石榴、四季石榴

落叶灌木或小乔木，高 3 ～ 6m，枝顶常成尖锐长刺，幼枝具棱角，老枝近圆柱形。叶常对生，纸质，矩圆状披针形，长 2 ～ 9cm，基部短尖至稍钝形，叶面光亮，侧脉细密；叶柄短。主脉、叶缘及叶柄呈红色。花大，红色、黄色或白色，1 ～ 5 朵生枝顶；萼筒长 2 ～ 3cm，裂片略外展，卵状三角形，长 8 ～ 13mm，外面近顶端有 1 黄绿色腺体，边缘有小乳突；花瓣长 1.5 ～ 3cm，宽 1 ～ 2cm，顶端圆形；浆果近球形，直径 5 ～ 12cm。花期 5 ～ 7 月。

习性

喜温暖、向阳的生境，在空气干燥的地区亦生长良好。不择土质。

分布

全世界的温带和热带都有种植。

应用

常孤植，丛植用于观花观果。

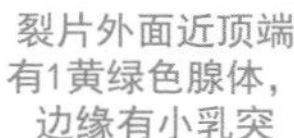

红花重瓣安石榴 *Punica granatum* var.*pleniflora*

别名：红杏

落叶灌木或小乔木，高 2 ～ 7m。小枝圆形，或略带角状，顶端刺状，光滑无毛。叶对生或簇生，长倒卵形至长圆形，或椭圆状披针形，长 2 ～ 8cm，宽 1 ～ 2cm，顶端尖，表面有光泽，背面中脉凸起，幼叶中间或正面会稍稍有些红色；花 1 至数朵，生于枝顶或腋生；花萼钟形，橘红色，质厚，长 2 ～ 3cm，顶端 5 ～ 7 裂，裂片外面有乳头状突起；花红色，重瓣皱缩，通常不结果。花期 5 ～ 7 月。

习性

喜温暖、向阳的生境，有一定的耐寒能力，抗病力强，不择土质。

分布

原产伊朗及其邻近地区。我国南、北各地有栽培。

应用

孤植或丛植，做庭园观赏树种。

幼叶中间或正面会稍稍有些红色

花红色，重瓣皱缩，通常不结果

花1至数朵，生于枝顶或腋生

了哥王 *Wikstroemia indica*

别名：九信菜、鸡子麻、山黄皮、鸡杜头、南岭荛花、蒲仑

常绿灌木，高 30 ～ 150cm。小枝红褐色。叶对生，纸质或近革质，长椭圆形、卵形或倒卵形，长 1.5 ～ 5.5cm，宽 0.8 ～ 1.6cm，顶端钝或急尖，基部楔形，全缘，两面黄绿色，侧脉 5 ～ 7 对。花黄绿色，数朵组成顶生的短总状花序，花萼管状，长 0.9 ～ 1.2cm，顶端 4 裂；花瓣缺；雄蕊 8 枚。核果椭圆形，长 0.6 ～ 0.9cm，直径 0.4 ～ 0.5cm，成熟时黄至红色，果皮肉质。花期 3 ～ 4 月；果期 8 ～ 9 月。

习性

野生于海拔 1500m 以下地区的灌丛、开阔林下、石山上或田边路旁，土壤以红壤为主。

分布

长江以南，越南至印度也有分布。

应用

广东乡土野生植物，自然景区山地林下常见。

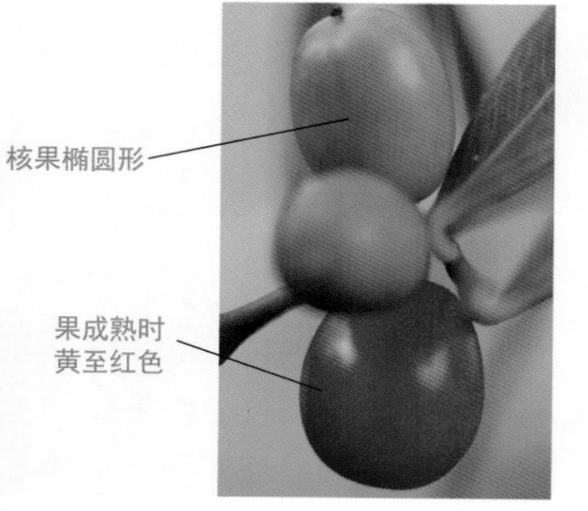

簕杜鹃 *Bougainvillea glabra*

别名：光叶子花、三角梅、宝巾、九重葛

常绿藤本或小灌木。茎粗壮，枝下垂，无毛或疏生柔毛；刺腋生，长 5 ～ 15cm。叶卵形，纸质，无毛。苞片叶状，色彩丰富，可呈红色、紫红色或粉红色；花小，每 3 朵簇生于苞片腋内；花萼管状，白色或淡黄色。花期几乎全年。

习性

喜光照，喜温暖湿润气候，不耐寒；喜疏松肥沃的微酸性土壤，忌水涝。

分布

世界各地热带地区普遍栽培。

应用

可盆栽、地栽或让其攀缘支架。做棚架或墙垣攀缘材料，十分醒目。

枝下垂

苞片叶状

苞片呈红色、紫红色或粉红色

叶互生，小刺腋生，长0.5～1.5cm

叶卵形，两面无毛，全缘

金心紫白双色叶子花 *Bougainvillea glabra* var.*alba* 'Variegata'

别名：花叶白花簕杜鹃

是栽培变种，为常绿攀缘状灌木。枝具刺，枝条软，拱形下垂。单叶互生，全缘，卵形或卵状披针形，被厚绒毛。叶面中间有黄白或淡红斑纹，花色有水红，白色两种。花细，常三朵簇生于三枚较大的苞片内，苞片卵圆形。花期10月至翌年2月。

习性

喜充足光照，喜温暖湿润气候，耐贫瘠、耐碱、耐干旱、忌积水，耐修剪。不耐寒，在3℃以上才可安全越冬，15℃以上方可开花。

分布

原产巴西。中国南北各地均有栽培。

应用

可种植在门前攀缘做门辕，或做防护性围篱，亦做盆花栽培，可盘卷或修剪成各种图案或育成主干直立的灌木状。老蔸可培育成桩景。

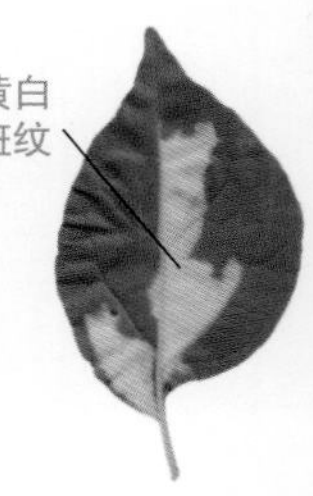

毛簕杜鹃 *Bougainvillea spectabilis*

别名：叶子花

常绿攀缘状灌木。单叶互生，叶薄、全缘，呈卵形或卵状披针形，被厚绒毛。茎干小刺明显，枝条软，拱形下垂，具攀缘性。花苞片暗红色或淡紫红色；花序腋生或顶生；花细小，常三朵簇生于三枚较大的苞片内，苞片卵圆形，花被管绿色，密生柔毛。花期 8 月至翌年 4 月。

习性

喜充足光照，喜温暖湿润气候。不耐寒，耐贫瘠、耐碱、耐干旱，忌积水，耐修剪。日照不足生长差、不易开花。

分布

世界热带地区，中国华南各地有栽培。

应用

可攀缘做门辕，或种植做防护性围篱。亦可盘卷或修剪成各种图案或育成主干直立的灌木状，也做盆花栽培。老蔸可培育成桩景。

花苞片暗红色或淡紫红色

枝条软，拱形下垂，具攀缘性

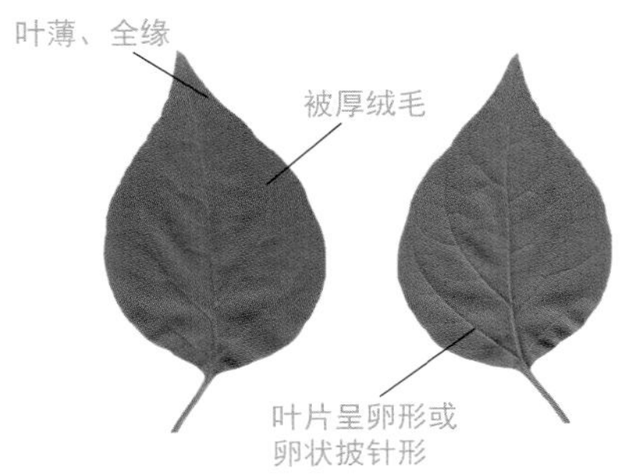

叶薄、全缘

被厚绒毛

叶片呈卵形或卵状披针形

茎干刺小而明显，幼枝被绒毛

白斑叶子花 *Bougainvillea spectabilis* ‘Lateritia Gold’

别名：金边宝巾

栽培种，常绿攀援状灌木。枝具刺，拱形下垂。单叶互生，全缘，卵形或卵状披针形，先端尖，被厚绒毛。叶片边缘有鲜明的黄白色斑纹。叶状苞单瓣，洋红色、深红色、紫红色或白色。花大白色，常三朵簇生于三枚较大的苞片内，苞片卵圆形，花期在10月至翌年2月。

习性

喜温暖湿润气候，喜充足光照。耐贫瘠、耐碱、耐干旱、忌积水，耐修剪。不耐寒。

分布

原产巴西。中国南北各地均有栽培。

应用

门前两侧，种植攀援做门辕，或种植做防护性围篱成一景观。亦可在绿地配植或做盆花栽培。老蔸可培育成桩景。

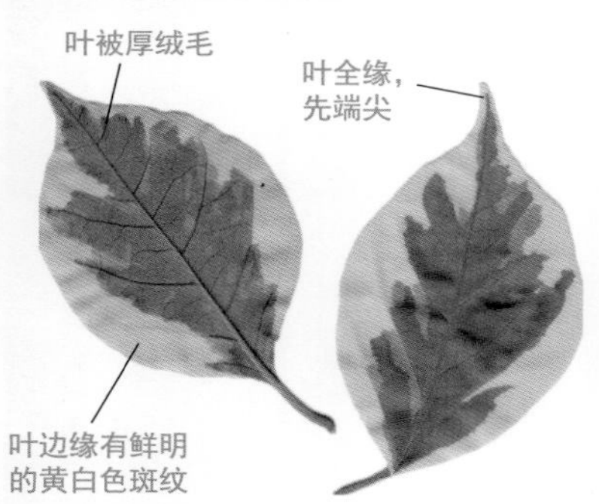

叶状苞单瓣，洋红色，
深红色、紫红色或白色

红花银桦 *Grevillea banksii* var. *forsteri*

别名：贝克斯银桦、昆士兰银桦

常绿小乔木，树高可达7m，幼枝有毛；叶互生，二回羽状裂叶，小叶线形，不对称，叶背密生白色毛茸；花大，红色，穗状花序刷状，生于枝顶，花冠呈筒状，雌蕊花柱伸出花冠筒外，先端弯曲，亮红的花独特而艳丽；蓇葖果歪卵形，扁平，熟果呈褐色。花期为11月至翌年5月。

习性

耐干旱贫瘠，适应性强，生长迅速，萌芽力强。

分布

热带、亚热带地区广泛种植。

应用

在绿地及庭园中，可孤植或群植。在花境中做背景种植，配置其他灌木及地被在道路绿化做隔离带树种。

海桐 *Pittosporum tobira*

别名：海桐花、山瑞香、山矾、七里香、宝珠香

常绿小乔木或灌木，树冠球形，高可达3m。叶片较厚，革质，倒卵状长椭圆形，有光泽，叶片边缘稍向叶背反卷；花芬芳，白色，五瓣，后变黄色；花聚集成伞形生于小枝顶上，蒴果卵形，成熟后果实三裂。花期5月，果熟期10月。

习性

耐寒冷，亦耐暑热。喜光照，稍耐荫。耐轻微盐碱，稍耐干旱，颇耐水湿。萌发力强，耐修剪。

分布

江苏南部、浙江、福建、台湾、广东等地。朝鲜、日本亦有分布。

应用

可孤植、丛植于草坪、花坛之中，或列植，或作绿篱，也作大型盆栽。抗有害气体能力强，又做环保树种。

单叶于枝顶轮生状，叶片边缘稍向叶背反卷

花芬芳，白色，五瓣，后变黄色；花聚集成伞形生于小枝顶上

叶片较厚，革质

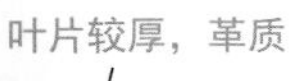

蒴果卵形，成熟后果实三裂

花叶海桐 *Pittosporum tobira* var.*iegatum*

别名：金边海桐

常绿灌木，高达 3m。单叶互生，有时在枝顶呈轮生状，狭倒卵形，全缘，顶端钝圆或内凹，基部楔形，边缘常向叶背反卷，有柄，叶边缘具灰白色斑块。聚伞花序顶生，花白色或带黄绿色，芳香。蒴果近球形。花期3～5月，果熟期9～10月。

习性

喜温暖湿润的海洋性气候，喜光，亦较耐荫。对土壤要求不高，黏土、沙土、偏碱性土及中性土均能适应，耐灰尘、耐修剪。

分布

华南地区有栽培。

应用

常种植于河道护堤和海滨地区，可丛植、列植或群植。

单叶于枝顶呈轮生状

叶边缘具灰白色斑圈

边缘常外卷

蒴果近球形

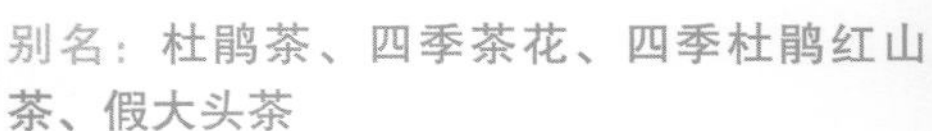

杜鹃红山茶 *Camellia azalea*

花单生叶腋或顶生

别名：杜鹃茶、四季茶花、四季杜鹃红山茶、假大头茶

常绿灌木至小乔木。高 1 ～ 2m，树体呈矮冠状，树皮灰褐色，枝条光滑，嫩梢红色，叶两端微尖，倒卵形，革质，光亮碧绿；花丝红色、单瓣。花期长，5 月中旬开花至次年 2 月，盛花期 7 ～ 10 月，果期 10 ～ 12 月。常见的树冠高大，多为嫁接苗木。

习性

耐旱、耐贫瘠，喜日照充足。生长迅速，能耐市区的空气污染。

分布

云南、广西、广东、四川，野生数量稀少。

应用

四季开花，适于园林栽植观赏，孤植、丛植、群植均宜。

叶两端微尖，倒卵形

叶革质光亮碧绿

单叶互生

花丝红色，单瓣

红皮糙果茶 *Camellia crapnelliana*

别名：克氏茶、八瓣糙果茶

常绿小乔木，高 5 ～ 12m。树皮红色，平滑；叶革质，椭圆形，边缘有细锯齿。花白色，无花梗，蒴果球形，成熟时浅褐色，花和果较大，果径 7 ～ 12cm，花期 11 月～ 12 月，果期 2 月～ 8 月。

习性

喜光，喜温暖湿润环境，野生于低海拔，富含腐殖质的森林红壤上，亦生于岩石露头多的湿润谷地。

分布

浙江、福建、广东、香港、广西。

应用

是重要的油料和观赏植物，渐危种。近年园林上偶见引用，可孤植，丛植或群植。

山茶 *Camellia japonica*

别名：茶花、山椿、耐冬、晚山茶、洋茶

常绿灌木至小乔木，高可达 12m。枝条黄褐色，小枝呈绿色或绿紫色至紫褐色。叶片革质，互生，边缘有锯齿，叶片正面为深绿色，多数有光泽。花梗极短或不明显，苞萼 9 ～ 10 片，覆瓦状排列，被茸毛。花期 10 月至翌年 3 月。

习性

喜半荫，忌烈日，略耐寒，喜空气湿度大，忌干燥。

分布

中国、日本、朝鲜半岛，后传遍欧美。

应用

适于盆栽观赏，也用于园林绿地配植。

茶梅 *Camellia sasanqua*

别名：茶梅花、冬红山茶、粉红短柱茶

常绿灌木或小乔木，树冠球形或扁圆形。树皮灰白色。嫩枝有粗毛，芽鳞表面有倒生柔毛。叶互生，椭圆形至长圆卵形，先端短尖，边缘有细锯齿，革质，叶面具光泽，中脉上略有毛，侧脉不明显。花白色或红色，略芳香。蒴果球形，稍被毛。花期10月至翌年2月。

习性

喜阴湿，以半荫半阳最为适宜。强烈阳光会灼伤其叶和芽，导致叶卷脱落。

分布

中国长江以南及台湾等地。日本有分布。

应用

可于庭院和草坪中孤植或对植，宜配置花坛、花境，或做配景材料，植于林缘、角落、墙基等处做点缀装饰。

美花红千层　*Callistemon citrinus* ‘Splendens’

别名：硬枝红千层

常绿灌木，高可达 2m；树皮暗灰色，不易剥离；幼枝和幼叶有白色柔毛。叶互生，条形，无柄，长 3 ～ 8cm，宽 0.2 ～ 0.5cm，坚硬，无毛，有透明腺点，中脉明显。穗状花序，有多数密生的花，花期春夏。

习性

喜暖热气候，能耐烈日酷暑，抗盐碱、不耐寒、不耐荫，能耐瘠薄干旱，生长缓慢，萌芽力强，耐修剪。

分布

原产澳大利亚。中国华南地区有栽种。

应用

适合做庭院美化及行道树，还可做防风林、切花或大型盆栽，并可修剪整枝。孤植、丛植、列植均宜。

红千层 *Callistemon rigidus*

别名：瓶刷子树、红瓶刷、金宝树、细叶红千层

常绿小乔木；树皮坚硬，灰褐色；嫩枝有棱，初时有长丝毛。叶片坚革质，线形，长 5 ～ 9cm，宽 0.3 ～ 0.6cm，先端尖锐，初时有丝毛，油腺点明显，干后突起，中脉在两面均突起，侧脉明显，边脉位于边上突起；叶柄极短。穗状花序成瓶刷状生于枝顶；花瓣绿色，卵形，长 0.6cm，宽 0.45cm，有油腺点；雄蕊长 2.5cm，鲜红色。蒴果半球形，长 0.5cm，宽 0.7cm，先端平截，种子条状，长 0.1cm。花期长，12 月至翌年夏季。

习性

喜暖热气候，耐烈日酷暑，不耐寒、不耐荫，耐瘠薄干旱。生长缓慢，萌芽力强，耐修剪，抗风。有吸收二氧化硫、氯气、氯化氢等有毒污染和滞尘作用。

分布

原产澳大利亚。中国华南地区有栽培。

应用

应用于各类园林绿地，可孤植、丛植、列植。常做灌木应用。

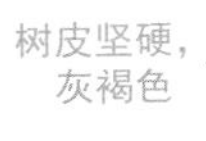

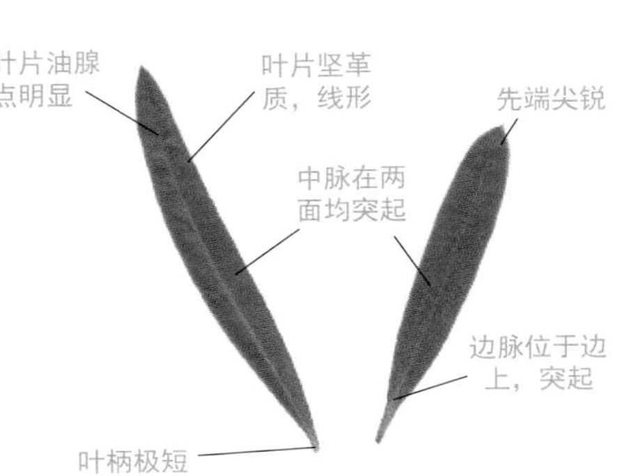

红果仔 *Eugenia uniflora*

别名：巴西红果、棱果蒲桃、番樱桃

常绿灌木或小乔木，枝叶繁茂，高达5m。叶对生，革质，大若指甲，卵形至卵状披针形，先端渐尖或短尖，钝头，基部圆形或微心形，长3.2～4.2cm，宽2.3～3cm，从幼梢至成叶，叶色由红渐变为绿，色彩斑斓，叶面颜色发亮，叶背颜色较浅，叶片有无数透明腺点。花白色，稍芳香，单生或数朵聚生于叶腋，萼片4，外反。果实更具特色，浆果球形，有8棱，熟时深红色。花果期春末至夏秋季

习性

喜温暖湿润的环境，耐旱，不耐寒。对土壤、光照要求不严，适应能力强。

分布

原产巴西，在我国华南地区有栽培。

应用

做庭园绿化及观果树种，果甜可食。

浆果球形，有8棱，熟时深红色

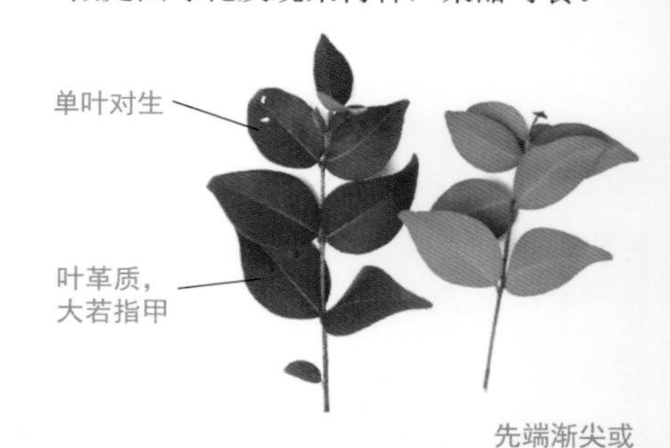

从幼梢至成叶，叶色由红渐变为绿

千层金 *Melaleuca bracteata* 'Revolution Glod'

别名：金叶红千层、黄金香柳

常绿乔木。主干直立，侧枝横展至下垂，枝条细长柔软，嫩枝红色，老枝变灰，叶四季金黄色，且韧性很好。花细小、白色，蒴果近果形。花期春季至夏季。

习性

抗旱、抗涝、抗盐碱、抗强风，可耐 -10℃的低温，抗病虫能力强。

分布

原产新西兰、荷兰等，从海南到长江流域至更北地区皆可种植。

应用

用于园林造型，地被色块，观赏树、绿化造林与风景林，群植效果好，适宜水边生长，可在海边种植。

番石榴 *Psidium guajava*

别名：芭乐、鸡屎果、拔子、喇叭番石榴

半落叶小乔木，高达13m；树皮平滑，灰色，片状剥落；嫩枝有棱，被毛。叶革质，长圆形至椭圆形，长6～12cm，宽3.5～6cm，先端急尖或钝，基部近于圆形，叶面稍粗糙，叶背有毛，侧脉12～15对，常下陷，网脉明显；叶柄长0.5cm。花单生或2～3朵排成聚伞花序；萼管钟形，长5mm，有毛，萼帽近圆形，长7～8mm，不规则裂开；花瓣长1～1.4cm，白色；浆果球形、卵圆形或梨形，长3～8cm，顶端有宿存萼片，果肉白色及黄色，胎座肥大，肉质，淡红色；种子多数，花果期：春夏。

习性

喜光照充足，耐旱、耐湿、耐碱。适宜热带气候，怕霜冻，温度低于-2℃时，幼树会冻死。

分布

原产南美洲。华南各地栽培，常逸为野生种。

应用

宜做果树、庭园绿化及观赏树种，果甜可食。

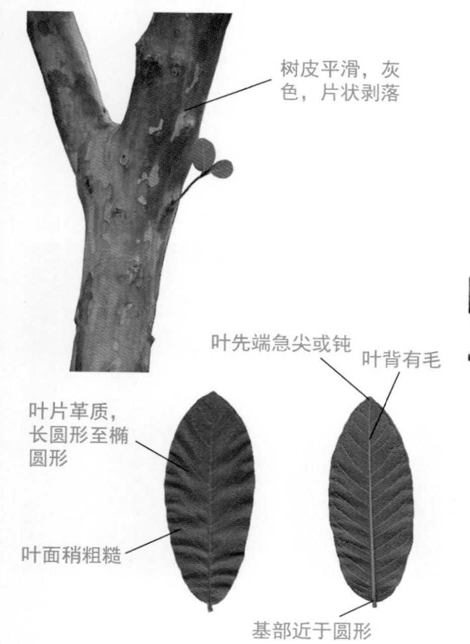

香番石榴 *Psidium guajava* 'Odorata'

常绿灌木，高达3m。树皮灰褐色。嫩枝圆形，较小。叶长椭圆形。花腋生；花冠白色。果实球形。花期春至秋季。

习性

适宜热带气候，怕霜冻，耐旱亦耐湿，喜光。耐碱，对土壤、水分要求不严，土壤pH值4.5～8.0均能种植。

分布

20世纪90年代从台湾引入广东、海南等地。

应用

做庭园绿化及观赏树种。果甜可食。

草莓番石榴 *Psidium cattleyanum*

果实球形，熟时黄色，单生或聚生叶腋

别名：榕仔拔

常绿灌木或小乔木，高达7m；嫩枝圆形，树皮平滑。叶厚革质，椭圆至倒卵形，长5～10cm，宽2～4cm，先端急尖，基部楔形，全缘，两面无毛，侧脉不明显。花白色，腋生单花；花瓣倒卵形，长1cm；雄蕊比花瓣短；子房下位与萼管合生，4室，花柱细，柱头盾状。浆果梨形或球形，长2.5～4cm，花期4～5月。

习性

喜暖热气候，喜光、喜温、喜湿，较耐寒。

分布

广东、广西、海南有栽种。原产巴西。

应用

宜植湖边、溪边、绿地等观赏，可孤植、丛植、群植配置。亦作盆栽。

钟花蒲桃 *Syzygium campanulatum*

常绿灌木或小乔木，高 2 ～ 6m，株形紧凑。枝条柔软下垂叶对生，纸质，长圆状卵形；春季和秋季嫩叶亮红色或稍带橙黄色。一株树上的叶片可同时呈现红、橙、绿 3 种颜色，非常美丽。聚伞花序具细长的总花梗；花冠白色，芳香。浆果球形，成熟后变为黑色。花期 4 ～ 5 月。果期 10 月，能延续至冬季。

习性

喜光，稍耐阴，喜温暖湿润气候，耐干旱瘠薄，不耐水湿。抗大气污染。

分布

南方省区有栽培，原产于东南亚各国。

应用

做观叶树、行道树、风景树，还可做防风林。

红车 *Syzygium hancei*

别名：红鳞蒲桃、小花蒲桃

常绿乔木或灌木状，株型丰满而茂密，枝条柔软下垂。嫩枝圆柱形，后变黑褐色。叶革质，椭圆形至狭长圆形或倒卵形，长 3 ～ 7cm，宽 1.5 ～ 4cm，先端钝或略尖，基部阔楔形或较狭窄；新叶红润鲜亮，随生长变化逐渐呈橙红或橙黄色，老叶则为绿色，为中国的特有观叶植物。

习性

喜阳光充足，耐高温，耐半荫。野生于海拔 160m 的地区，见于常绿阔叶林中、山坡或溪边。

分布

香港、澳门、广东、广西、海南、福建、昆明等地。

应用

宜在道路中间绿化带中做主体植物材料栽植，在庭园植物配置中列植、对植，还可栽植成篱分隔空间。常作灌木应用。

香蒲桃 *Syzygium odoratum*

别名：白兰、白赤榔、香花蒲桃

常绿灌木，株高 1.5m 左右，主干短，分枝较多，嫩枝纤细，圆形或略压扁，树皮褐色且光滑。叶多，革质，卵状披针形或卵状长圆形，长 3 ～ 7cm，宽 1 ～ 2cm，先端尾状渐尖，基部钝或阔楔形，橄榄绿色，有光泽，多下陷的腺点，侧脉多而密，彼此相隔约 0.2cm，在叶面不明显，在叶背稍突起，以 45 度开角斜向上，在靠近边缘 1mm 处结合成边脉；叶柄长 0.3 ～ 0.5mm。核果状浆果，球形，直径 0.6 ～ 0.7mm，略被白霜，内有种子 1 ～ 2 颗。花期 6 ～ 8 月，果期 9 月至翌年 1 月。

习性

喜暖热气候，喜光，稍耐荫。多生于水边及河谷湿地，但亦能生长于沙地。

分布

广东、广西、海南和越南，常见于平地疏林或山中常绿林中

应用

可做固堤、防风树用，园林上可篱植。

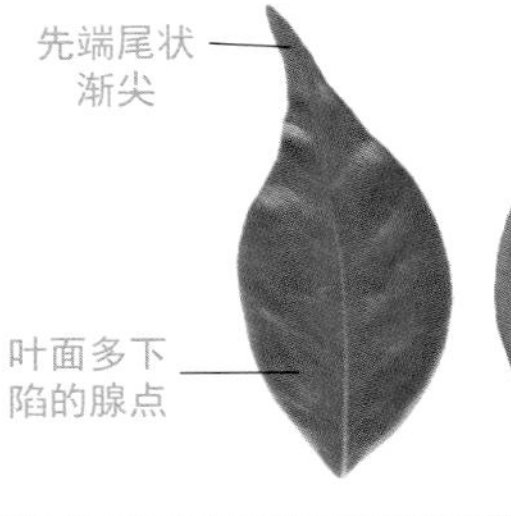

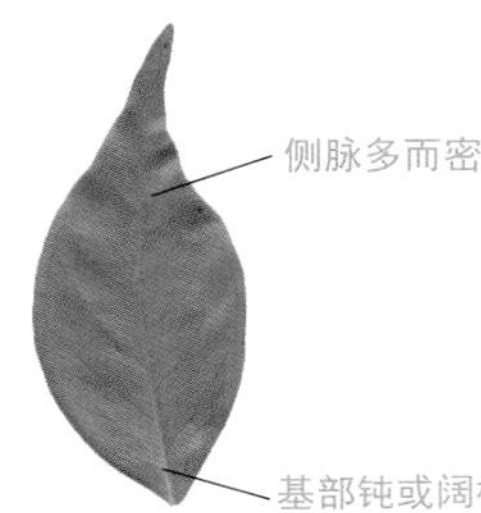

野牡丹 *Melastoma malabathricum*

别名：金石榴、金榭榴、爆牙狼

常绿灌木，分枝多；茎钝四棱形或近圆柱形，密被紧贴的鳞片状糙伏毛，边缘流苏状。叶两面被糙伏毛及短柔毛，坚纸质，全缘，卵形或广卵形，顶端急尖，基部浅心形或近圆形；基 5 ～ 7 出脉，背面隆起；伞房花序生于分枝顶端，近头状，有花 3 ～ 5 朵，稀单生；花瓣玫瑰红色或粉红色，倒卵形，密被缘毛；蒴果坛状球形，顶端具 1 圈刚毛。花期 5 ～ 7 月。

习性

喜光，稍耐阴，全日照或半日照均可；喜温暖、湿润气候，耐旱，是酸性土常见植物。

分布

产于云南、广西、广东、福建、台湾。印度、越南也有分布。

应用

野生观花植物，可孤植或片植，或丛植布置于庭园，也适合盆栽。

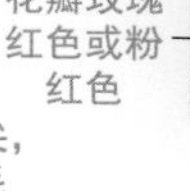

巴西野牡丹 *Tibouchina semidecandra*

别名：紫花野牡丹、艳紫野牡丹、巴西蒂牡花

常绿灌木，株高约60～350cm。嫩枝密被长柔毛，方形，红褐色。叶对生或3片轮生，叶椭圆形至披针形，全缘，两面具细茸毛，3～5出分脉。花顶生，花大型，5瓣，浓紫蓝色，中心的雄蕊白色且上曲。花初开时呈现深紫色，逐渐呈紫红色，花期近乎全年。

习性

要求光照充足，喜温暖、湿润的环境，不耐旱，不耐高温，稍耐寒。

分布

热带、亚热带温暖地区广泛栽培。广东等地有引种栽培。原产巴西。

应用

观花植物，适宜丛植、列植或片植于路旁；也可盆栽或花坛混合种植。

叶椭圆形至披针形，全缘、对生或3片轮生

嫩枝密被长柔毛，方形，红褐色

叶两面具细茸毛，3～5出分脉

花顶生，花大；浓紫蓝色，中心的雄蕊白色且上曲

银毛野牡丹 *Tibouchina grandifolia*

别名：银绒野牡丹、银毛蒂牡花

常绿灌木，丛生，茎四棱形，分枝多，单叶对生，叶阔宽卵形，两面密被银白色绒毛，叶背较叶面密集。花多而密，聚伞式圆锥花序直立顶生，花两性，辐射对称，4～5数；花瓣倒三角状卵形，拥有较罕见的艳紫色，花期5～9月。

习性

喜温暖、湿润气候，喜光照良好环境；适应性和抗逆性强，耐修剪。

分布

热带、亚热带温暖地区广泛栽培，广东等地有引种。

应用

适于丛植，花境、花坛配置或做盆栽。

木芙蓉 *Hibiscus mutabilis*

别名：芙蓉花、拒霜花、木莲、地芙蓉、华木

落叶灌木或小乔木，高 2 ～ 6m；株叶密被星状毛与直毛相混的细绵毛。叶宽卵形至圆卵形或心形，直径 10 ～ 15cm，常 5 ～ 7 裂，裂片三角形，先端渐尖，具钝圆锯齿；主脉 7 ～ 11 条；叶柄长 5 ～ 20cm。花单生于枝端叶腋间，近端具节；萼钟形，裂片 5；花初开时深红色，后变淡红色或白色，直径约 8cm，花瓣近圆形，外面被毛；蒴果扁球形，被淡黄色刚毛和绵毛；种子肾形，背面被长柔毛。花期 8 ～ 11 月。

习性

喜阳光，稍耐荫，较耐寒。

分布

长江流域及南部等省区栽培。

应用

观花树种，常栽于池塘边，或孤植、丛植于庭园中。

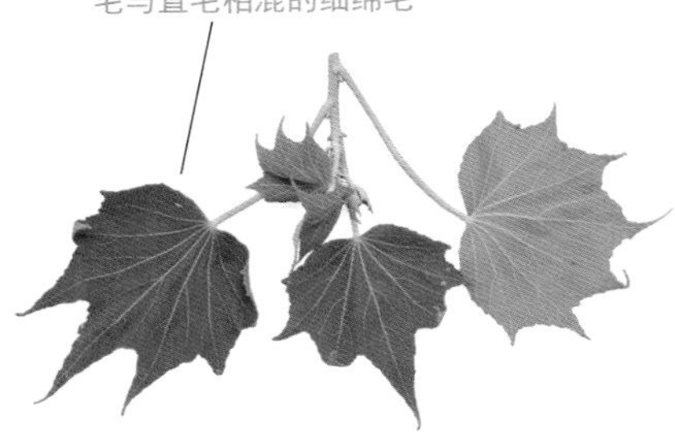

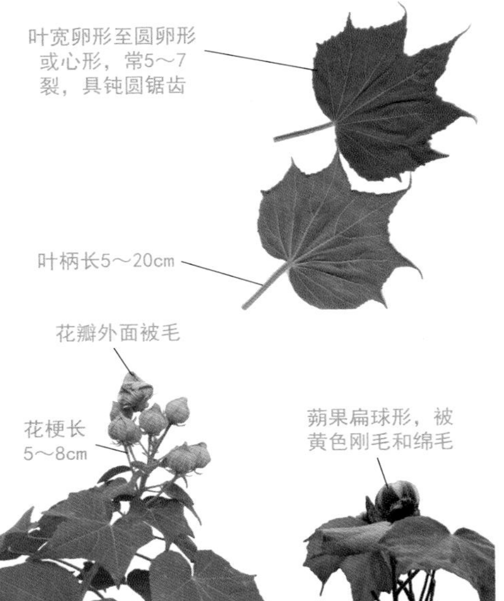

彩叶朱槿 *Hibiscus rosa-sinensis*'Scarlet'

别名：七彩大红花、红朱槿

常绿灌木，茎直立而多分枝；小枝圆柱形，疏被星状柔毛。叶白红绿相间，阔卵形或狭卵形，先端渐尖，边缘具粗齿或缺刻；花单生于上部叶腋间，花冠漏斗形；蒴果卵形。花期全年，夏秋最盛。

习性

喜阳光充足，温暖、湿润的气候，不耐寒。耐湿，稍耐阴，耐干旱，耐瘠薄土壤。

分布

产于我国南部，如福建、台湾、广东、云南。

应用

常栽培做绿篱，花基户外植物等。可丛植、片植配置。

扶桑 *Hibiscus rosa-sinensis*

别名：朱槿、大红花、公鸡花、月月红

常绿大灌木。茎直立而多分枝，高达 6m。叶互生，常为阔卵形至狭卵形。长 7 ～ 10cm，具 3 主脉，先端突尖或渐尖，上部叶缘有粗齿或缺刻，下部近全缘。花大，喇叭状，单生上部叶腋间，有红、黄、粉、白等花色品种，最大花径达 25cm，有下垂或直上之柄。雄蕊着生于花柱上部。蒴果卵形，有喙。花期全年，夏秋最盛。

习性

喜温暖湿润气候，不耐寒霜、不耐阴，宜在阳光充足、通风的场所生长。

分布

广东、广西、福建、台湾、云南等省区广泛栽培。

应用

可孤植、列植和群植；也可做道路分隔带植物。在南方多散植于池畔、亭前、道旁和墙边。

叶卵形，互生

叶片具3主脉，叶缘有粗锯齿或缺刻

基部近全缘

花大，喇叭状，花柱外伸

花单生于上部叶腋间

黄色重瓣扶桑 *Hibiscus rosa-sinensis* 'Toreador'

茎直立而多分枝

常绿灌木，茎直立而多分枝。叶互生，广卵形或狭卵形，先端渐尖，基部钝形，边缘有锯齿。花腋生，形大，花瓣倒卵形，端圆向外扩展，黄色，花期5～6月。

习性

性喜温暖、湿润的气候。稍耐荫，耐干旱，耐湿，耐瘠薄，不耐寒。

分布

南方各地有种植，原产广东、云南。

应用

可孤植、丛植、片植池畔、亭前、道旁和墙边，盆栽适用于入口处摆设。

花腋生，形大，花瓣倒卵形，端圆向外扩展，黄色

叶广卵形或狭卵形，先端渐尖，基部钝形，边缘有锯齿

叶互生

雪斑朱槿 *Hibiscus rosa-sinensis* ‘Snow Queen’

别名：雪斑扶桑

常绿灌木，茎直立而多分枝。叶狭卵形，互生，有块状白斑，长 7 ～ 10cm，具 3 主脉，先端突尖或渐尖，叶缘中上部有粗锯齿或缺刻，基部近全缘，秃净或有少许疏毛。花大、红色，单瓣，不重叠，花期秋季。

习性

喜温暖湿润气候，宜阳光充足，稍耐阴，耐干旱，耐湿，耐瘠薄土壤，抗寒性较强。

分布

我国广东、云南。

应用

多散植于池畔、亭前、道旁和墙边。

叶先端突尖或渐尖，叶缘中上部有粗锯齿或缺刻

叶狭卵形，有块状白斑

花大红色单瓣不重叠

茎直立而多分枝

叶柄及嫩枝呈红色

艳红朱槿 *Hibiscus rosa-sinensis* ‘Carmine Pagoda’

别名：大红花

常绿灌木，高约 1 ～ 3m；小枝圆柱形，疏被星状柔毛。叶阔卵形或狭卵形，两面有毛，长 4 ～ 9cm，宽 2 ～ 5cm，先端渐尖，基部圆形或楔形，边缘具粗齿或缺刻；花鲜红色，重瓣。单生于上部叶腋间。花期全年。

习性

喜温暖、湿润，要求日光充足，不耐阴，不耐寒、旱。对二氧二硫与氯化物等有害气体的抗性强，滞尘功能强。

分布

原产热带及亚热带地区。广东、云南、台湾、福建、广西等省区栽培。

应用

南方多做花篱、绿篱；北方做室内盆栽，是抗污染的主要绿化树种。

叶边缘具粗齿或缺刻嫩枝绿色。

花鲜红色，重瓣。

叶阔卵形或狭卵形，两面有毛。

粉紫重瓣木槿 *Hibiscus syriacus* f. *amplissimus*

别名：白花重瓣木槿　重瓣木槿

落叶灌木，小枝密被黄色星状绒毛。叶菱形至三角状卵形，纸质；叶柄、花瓣、花梗、副萼、果均具星状柔毛。花单生于枝端叶腋间，花钟形重瓣，粉紫色，直径5～6cm，花瓣倒卵形，长3.5～4.5cm，内面基部洋红色。蒴果卵圆形，直径约1.2cm；种子肾形，背部被黄白色长柔毛。花期6～10月。

习性

喜阳光充足，温暖湿润气候。稍耐阴、耐干旱、耐湿、耐瘠薄土壤、耐修剪、抗寒性较强。抗烟尘，抗氟化氢等有害气体。

分布

中国南北各地有栽培。

应用

可孤植、列植和群植，宜做工厂绿化树种。

叶纸质，浅3裂，灰绿色，无光泽

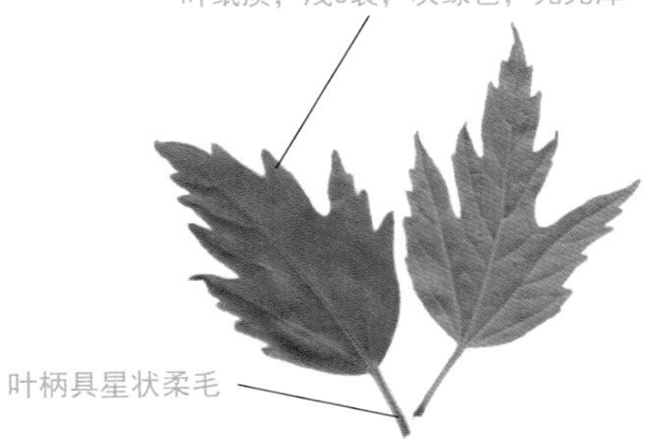

叶柄具星状柔毛

小枝密被黄色星状绒毛

花瓣具星状柔毛，花钟形重瓣
花瓣外为粉紫色，内面洋红色

木槿 *Hibiscus syriacus*

别名：木棉、荆条、木槿花、朝开暮落花

落叶灌木，高 3 ～ 4m，小枝密被黄色星状绒毛。叶菱形至三角状卵形，具深浅不同的 3 裂或不裂，边缘具不整齐齿缺，叶背沿叶脉微被毛或近无毛。花单生于枝端叶腋间，花萼钟形，裂片 5，三角形；花钟形，淡紫色；花柱枝无毛。蒴果卵圆形，密被黄色星状绒毛；种子肾形。花期 6 ～ 10 月。

习性

喜光而稍耐阴，喜温暖、湿润气候，较耐寒。萌蘖性强，耐修剪。对二氧二硫、氯化物等有害气体抗性强，滞尘功能较强。

分布

主要分布于中国东南地区。原产东亚。

应用

是夏、秋季的重要观花灌木，南方多做花篱、绿篱；北方做庭园点缀及室内盆栽，宜做工厂绿化树种。

垂花悬铃花 *Malvaviscus penduliflorus*

别名：小悬铃花、大红袍、粉花悬铃花、卷瓣朱槿、南美朱槿

常绿灌木，高达 2m。小枝被长柔毛。叶倒卵状披针形，长 6 ～ 12cm，宽 2.5 ～ 6cm，先端长尖，基部广楔形至近圆形，边缘具钝齿，两面近无毛或仅脉上被星状疏柔毛。花单生叶腋；花红色，下垂，筒状，仅于上部略开展。花期夏、秋季至冬季。

习性

喜阳光充足，喜高温、喜肥沃、疏松土壤。

分布

中国广东、云南等地有引种栽培。原产于墨西哥和哥伦比亚。

应用

常用做绿篱植物，也用于花带花坛片植。

花冠于上部略开展，花柱外伸

彩叶红桑 *Acalypha wilkesiana* 'Musaica'

常绿灌木，高约 2m。茎直立，多分枝，被柔毛，枝条丛密，冠形饱满。叶互生，叶面间有古铜色，具红斑，椭圆状披针形，顶端渐尖，基部楔形，两面有疏毛或无毛，边缘有不规则的钝齿。叶脉略显基部 3 出；叶柄长，花单性同株，穗状花序腋生，淡紫色。蒴果钝三棱形，淡褐色，有毛。种子黑色。

习性

喜高温多湿，抗寒力低，不耐霜冻。喜光，不耐荫蔽。

分布

华南地区多有栽培。原产于东南亚，广植于世界各热带地区。

应用

做庭院、公园中的绿篱和观叶灌木，可配置在灌木丛中点缀色彩。

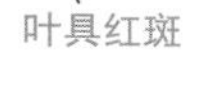

金边红桑 *Acalypha wilkesiana* 'Marginata'

常绿，株高可达5m，叶纸质，阔卵形，古铜绿色或浅红色，常有不规则的红色或紫色斑块；边缘有锯齿，叶缘银色至金色。花期全年。

习性

喜高温多湿，抗寒力差，不耐霜冻；喜光，不耐荫蔽。

分布

广泛栽培于热带、亚热带地区。

应用

做路旁彩篱、建筑物旁基础种植。或丛植于水滨、坐椅后、草坪角等处，景色别致。

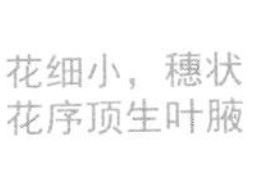

黑面神 *Breynia fruticosa*

别名：鬼画符、锅盖木、狗脚刺、暗鬼木

常绿灌木，叶互生，全缘，革质，卵形、阔卵形或菱状卵形，两端钝或急尖，叶面深绿色，背面粉绿色，具小斑点；托叶三角状披针形。花小，雌花位于小枝上部，雄花则位于小枝的下部；雄花花萼陀螺状；雌花花萼钟状，顶端近截形，中间有突尖，上部辐射张开呈盘状。蒴果圆球状，绿色。种子三棱状，具红色种皮。花期 4 ～ 9 月，果期 5 ～ 12 月。

习性

耐半荫，耐瘠薄。散生于山坡、平地旷野或路旁干旱灌木丛中或林缘。

分布

产浙江、福建、广东、海南、广西、四川、贵州、云南等地。

应用

广东乡土野生植物，是自然景区常见灌木。

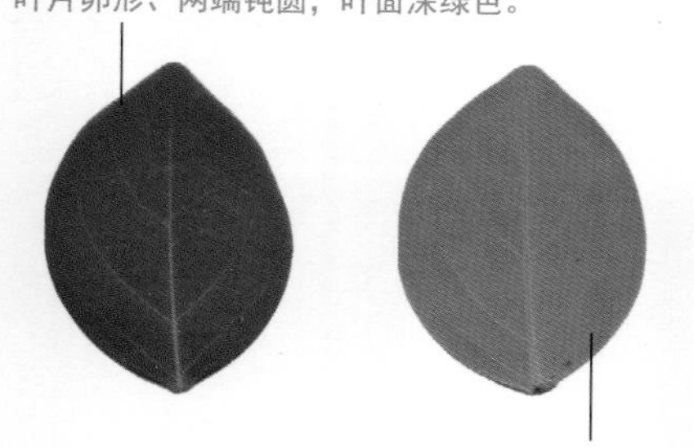

彩叶山漆茎 *Breynia disticha*

别名：雪花木、白雪树、彩叶黑面神

常绿小灌木。株高约0.5～1.2m。叶互生，圆形或阔卵形，白色或有白色斑纹。嫩时白色，成熟时绿色带有白斑，老叶绿色。花小，花有红色、橙色、黄白等色，花期夏秋两季。

习性

喜高温，耐寒性差，需全日照或半日照，阴暗植株徒长，株形松散。

分布

我国南方各省有栽培。

应用

结合乔木配置，点缀于林缘、护坡地、路边，可做绿篱，孤植，群植等。

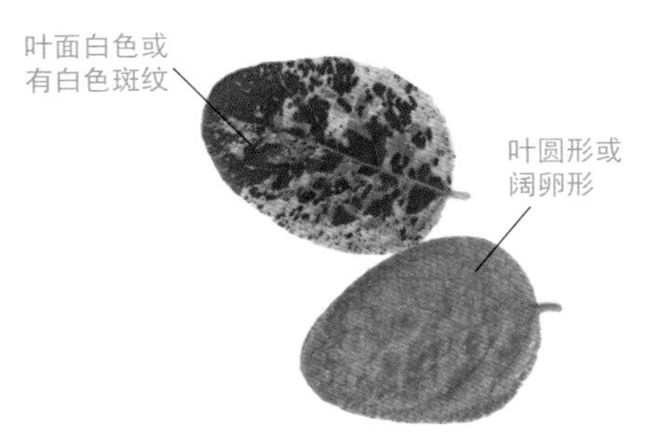

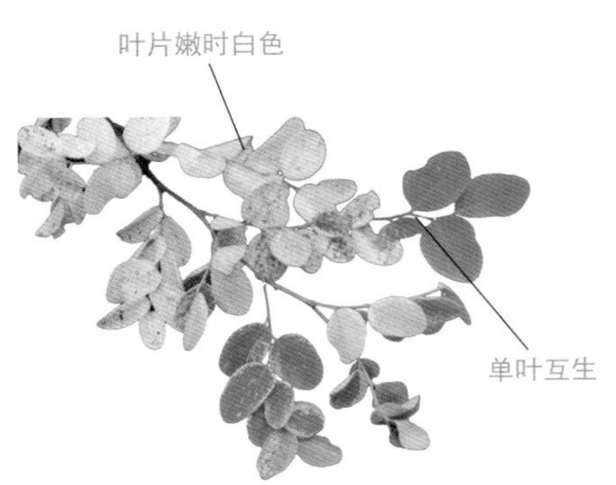

宽叶洒金榕 *Codiaeum variegatum* 'Platyphyllum'

别名：海南洒金榕、阔叶变叶木

常绿灌木，高达 50 ～ 250cm，叶互生，厚革质，叶较大、全缘。叶形、色彩变化多端，枝、叶有白色乳汁。花小，单性同株，总状花序长、自上部叶腋抽出，雄花白色，簇生于苞腋内；雌花单生于花序轴上。

习性

喜高温多湿和强光，较耐荫，不耐霜雪，冬季温度不能低于 15℃。光线过弱，叶色变化少。

分布

世界各地热带亚热带地区。

应用

观叶植物。常做盆栽点缀室内环境，或庭园中丛植，也做绿篱；是插花、花环、花篮的良好叶材。

单叶互生

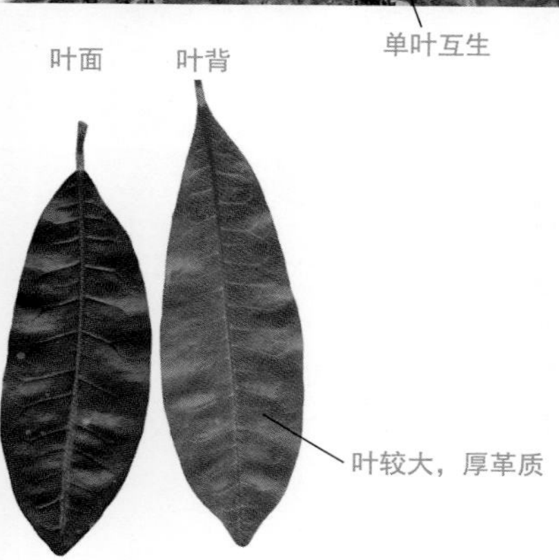

叶面　叶背

叶较大，厚革质

叶片色彩变化大

喷金变叶木 *Codiaeum variegatum* 'Aucubifolium'

别名：洒金榕、桃叶珊瑚变叶木

常绿灌木，单叶互生，厚革质；叶片披针形，全缘，叶片上具黄色的斑块，上部叶几乎为金黄色，下部绿叶密布黄斑。全株有乳白色液体，受伤会流出。总状花序生于上部叶腋，花白色不显眼。花序很长，雄花白色，雌花黄色，没有花瓣，果实胶囊状。

习性

喜高温、湿润和阳光充足的环境，不耐寒，有毒性。

分布

世界各地热带亚热带地区。

应用

观叶植物，常于庭园中丛植，或做绿篱，或盆栽点缀室内环境。是插花、花环、花篮的良好叶材。

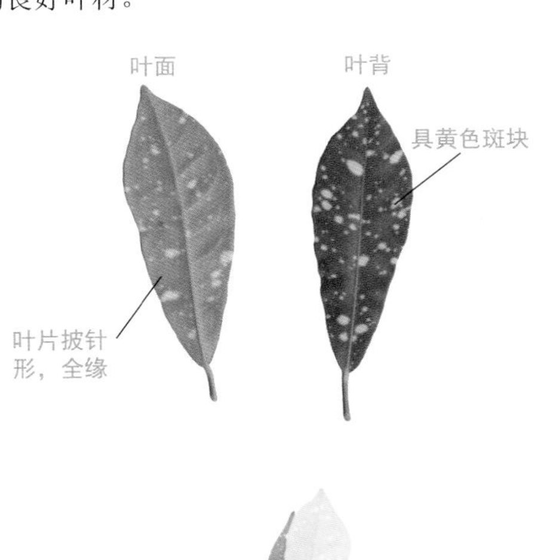

金边小螺丝变叶木 *Codiaeum variegatum* 'Philippinensis'

常绿灌木，高1～2m。单叶互生，厚革质；叶带形，不规则地螺旋扭曲，深绿色，外缘具宽黄绿色斑。全株有乳白色液体，受伤会流出。总状花序生于上部叶腋，花白色不显眼。花序很长，雌花和雄花在不同的花序上，同株异形。

习性

喜高温、湿润和阳光充足的环境，不耐寒。若光照长期不足，叶面缺乏光泽，枝条柔软，甚至产生落叶。

分布

世界各地热带亚热带地区。

应用

观叶植物。于庭园中丛植、片植，或作绿篱；是切花的良好配叶材料。

扭叶洒金榕 *Codiaeum variegatum* 'Crispum'

别名：扭叶变叶木、旋叶变叶木

常绿灌木，高1～2m。单叶互生，厚革质；叶带状，不规则地螺旋扭曲。全株有乳白色液体，受伤会流出。总状花序生于上部叶腋，花白色不显眼。花序很长，雌花和雄花在不同的花序上，同株异形。叶形、色彩变化多端。

习性

喜高温、湿润和阳光充足的环境，不耐寒。

分布

世界各地热带亚热带地区。

应用

观叶植物。在庭园中丛植、片植，或做绿篱；或盆栽点缀室内环境，还是切花的良好配材。

砂子剑变叶木 *Codiaeum varigatum* 'Craigii'

别名：花叶指叶变叶木、雁爪变叶木

常绿灌木，高1～2m。单叶互生，厚革质，三裂，叶柄短。叶长戟形，先端钝尖，叶绿色，散布黄色斑点。

习性

喜温暖湿润、阳光充足的地方，不耐阴，耐干旱，温度变化大时会引起叶片下垂或枯萎。

分布

世界各地热带亚热带地区。

应用

观叶植物，常于庭园中丛植、篱植或片植。也可盆栽摆设。

仙戟变叶木 *Codiaeum variegatum* ‘Lobatum’

别名：戟叶变叶木

常绿灌木，高1～2m。单叶互生，厚革质；叶片戟形，叶脉及叶缘黄色或为桃红色斑纹，乃至全叶金黄色，色彩多变。有时叶片中部两侧深裂至中脉，将叶片分成上、下2片，长8～30cm，宽不等，叶红色或绿色，常间以黄色、白色、红色斑纹。

习性

喜温暖湿润、阳光充足的地方，不耐阴；耐干旱，温度变化大会引起叶片下垂或枯萎。

分布

世界各地热带亚热带地区。

应用

适合庭园丛植、片植或盆栽供观赏；也做切花叶材。

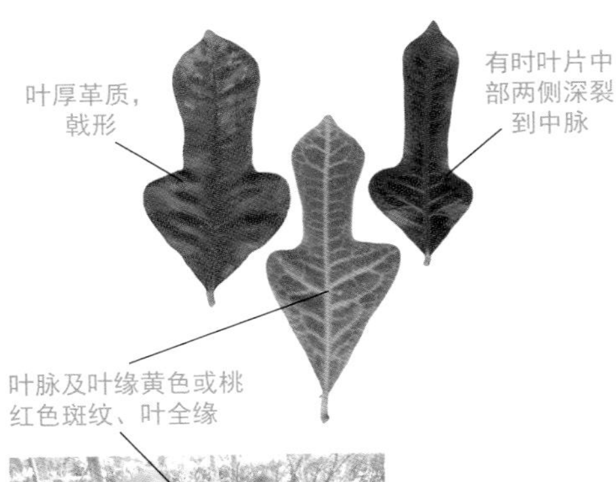

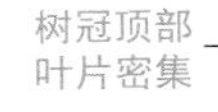

柳叶变叶木 *Codiaeum variegatum* ‘Taeniosum’

别名：柳叶洒金榕、细叶变叶木

常绿灌木，高1～2m。单叶互生，厚革质；叶细长，宽0.5～0.6cm，绿色，上面有金黄色斑。全株有乳白色液体，受伤会流出。总状花序生于上部叶腋，花白色不显眼。花序很长，雌花和雄花在不同的花序上，同株异形。

习性

喜高温、湿润和阳光充足的环境，不耐寒。若光照长期不足，叶面斑点不明显，缺乏光泽，枝条柔软，甚至产生落叶。

分布

世界各地热带亚热带地区。

应用

观叶植物。可于庭园中丛植、片植，或做绿篱。盆栽布置厅、堂、会场等处，是切花的良好配材。

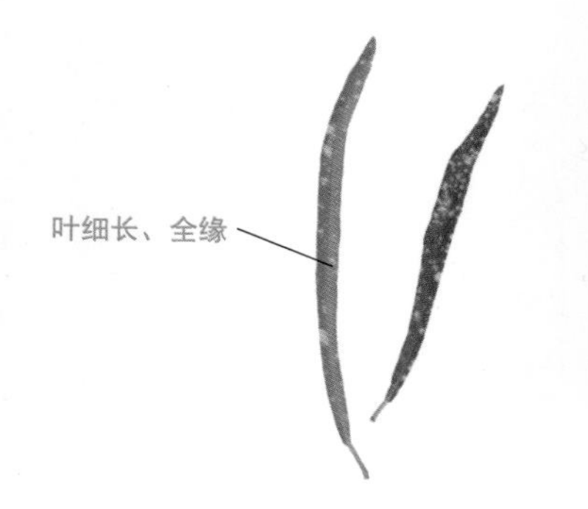

肖黄栌 *Euphorbia cotinifolia*

别名：紫锦木、红叶戟、非洲红、非洲黑美人

半常绿灌木，高 2 ～ 3m。树冠圆整，分枝颇多。常年红叶，叶片薄，卵形至圆卵形，全缘，具长柄，稍呈盾形。枝叶具乳汁，可刺激皮肤发痒甚至肿痛。花序呈伞状，顶生或腋生，黄白色。花冠皿形；花瓣具盘状蜜腺。蒴果三棱状卵形。春、夏、秋季均可开花，果期 5 ～ 12 月。

习性

喜阳光充足，耐半阴；喜温暖、湿润的环境。耐贫瘠。

分布

华南地区有栽培。原产非洲热带地区。

应用

适于庭院、公园等处，或植于水滨，或点缀草坪。经矮化后可做盆栽。

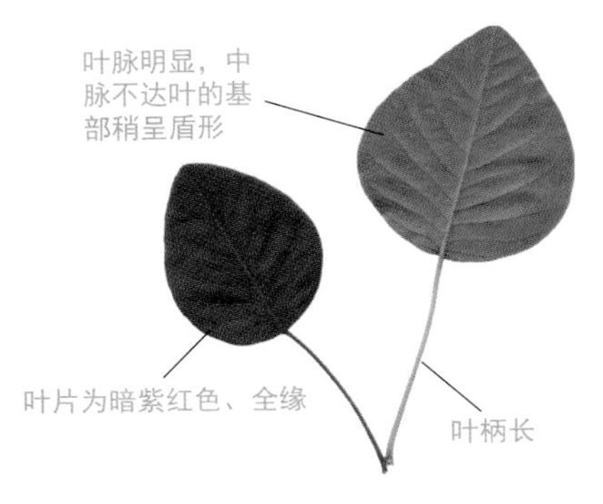

红背桂 *Excoecaria cochinchinensis*

别名：青紫木、紫背桂、叶背红

常绿灌木，株高可达1m。分枝多，嫩枝光滑有光泽，具皮孔。幼枝纤细翠绿色，节间较长，节茎膨大，向水平方伸展柔软而下垂，老枝干皮呈黑褐色，有不明显的小瘤点，较粗糙。单叶对生，狭椭圆形或长圆形，边缘有疏细齿，背面紫红或血红色；托叶小，卵形近三角形。花小，单性异株，淡黄色。蒴果球形，顶部凹陷，基部截平，红色，带肉质。种子卵形，光滑。

习性

喜温暖湿润环境，耐半荫，忌阳光暴晒，耐瘠薄，不耐寒，忌干旱。

分布

广东、广西、云南等地有种植。

应用

观叶植物。常丛植、片植或作花坛、花境配置。也做室内盆栽。

麒麟掌 *Euphorbia neriifolia var. cristata*

别名：麒麟刺、麒麟花、麒麟角冠

灌木，株高可达3m。具棱的肉质茎上部变态成鸡冠状或扁平扇形，密被锥形尖刺。多分枝，体内有白色浆汁。叶片倒卵形，叶面光滑，鲜绿色。

习性

喜温暖、干燥气候，生性强健。

分布

世界各国多有栽培。

应用

适宜庭植，也可盆栽供观赏。

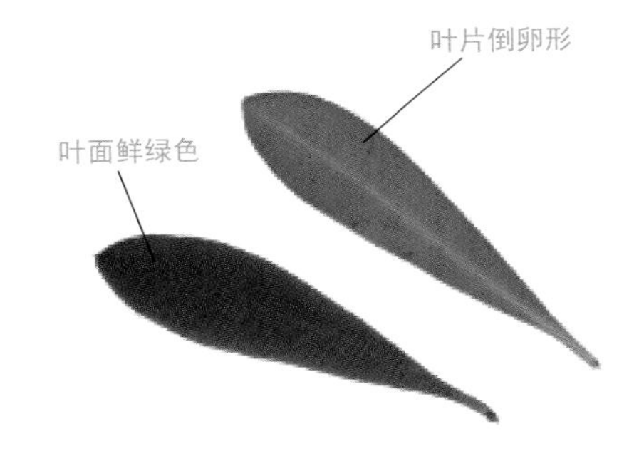

虎刺梅 *Euphorbia milii*

别名：铁海棠、麒麟刺、麒麟花

常绿蔓生小灌木，株高 1 ～ 2m。多分枝，体内有白色浆汁。茎和小枝有棱；棱沟浅，密被锥形尖刺。叶片着生新枝顶端，倒卵形，叶面光滑，鲜绿色。聚伞花序顶生；花黄绿色，具长柄，有 2 片红色或白色苞片。蒴果扁球形。花期冬、春季。

习性

喜温暖、干燥气候，生性强健。

分布

世界热带、亚热带地区多有栽培。

应用

适宜庭植或做刺篱，也可盆栽供观赏。

辉花蜜勒戟 *Euphorbia milii* 'Splendens'

别名：

常绿灌木，高达 1.2m。多分枝，体内有白色浆汁。茎和小枝有棱，棱沟螺旋状，棱上密被锥形尖刺。叶较大。叶片着生新枝顶端，倒卵形，叶面光滑，鲜绿色。聚伞花序顶生；花黄绿色，具长柄，有 2 片红色苞片。蒴果扁球形，花期几乎全年。

习性

喜阳光充足，喜高温、少湿的气候，耐瘠薄。

分布

华南地区广为栽培。

应用

用于庭园、花坛的绿化，常盆栽

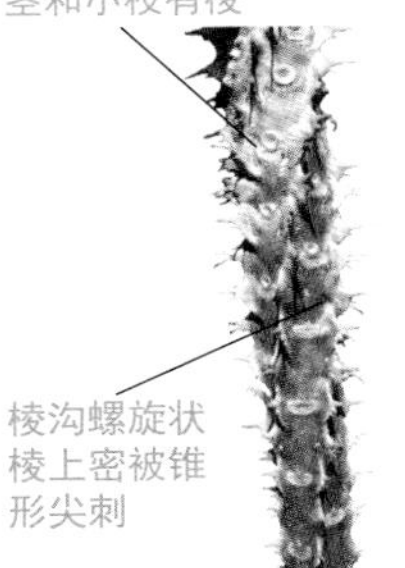

大麒麟 *Euphorbia millii* 'Keysii'

别名：大叶麒麟花

常绿灌木，茎肥大直立，褐色有棱，长满棘刺，含有毒乳汁。叶常生在嫩枝上，老枝无叶。花外的总苞花瓣状，淡红色，可开小花16朵，几乎全年间断开花，但以秋、冬季为最盛。蒴果扁球形。

习性

喜阳光充足，喜高温、少湿的气候，耐瘠薄。

分布

中国华南地区广为栽培。

应用

用于庭园、花坛，也可盆栽供观赏。

茎肥大直立，褐色有棱，长满棘刺

叶常生在嫩枝上，老枝无叶

总苞花瓣状，淡红色，可开16朵

叶卵状椭圆形近无柄

一品红 *Euphorbia pulcherrima*

别名：圣诞花、老来娇、圣诞红、一片红

灌木，高 1 ～ 4m。有乳汁。叶互生，卵状椭圆形至披针形，绿色，边缘全缘或浅波状，叶面被短柔毛或无毛，叶背被柔毛。生于顶端的叶状苞片狭椭圆形，全缘，开花时呈朱红色。蒴果三棱状圆形。花、果期 10 月至翌年 4 月。

习性

喜光，喜温暖、湿润气候。

分布

华南地区广为栽培，南北各地有种植。原产于中美洲和墨西哥。

应用

花坛或庭园中列植和丛植，也可盆栽供观赏。

叶状苞片在开花时呈朱红色

杯状聚伞花序多数，集生于枝顶有3枚分枝的花枝上

叶互生，卵状椭圆形至披针形

边缘全缘或浅波状，或中部有粗齿1～2个

琴叶珊瑚 *Jatropha integerrima*

别名：琴叶樱、南洋樱、日日樱、变叶珊瑚花、红花假巴豆

常绿灌木。分枝低，分枝多，树冠呈圆形或卵形。枝条绿色，有皮孔，树皮薄。植物体含乳汁。单叶互生，叶为倒阔形提琴状，全缘。叶基钝而叶端渐尖，呈锐尖至尾尖，叶基有 2 ～ 3 对锐刺，叶面平滑，叶正面为浓绿色，叶背为紫绿色，新叶则背为红色。叶脉上面凹下而背面隆起。叶常丛生于枝顶端。有鲜红色、朱红色或紫红色花。蒴果，球形，熟时黑褐色。

习性

喜高温高湿环境，怕寒冷与干燥，喜充足的光照，稍耐半荫。

分布

华南地区广为栽培。分布全世界的热带国家。

应用

适合庭植或大型盆栽，用于庭园布置及道路美化。

花瓣卵形，红色，5瓣

树冠自然或呈卵圆形

叶正面浓绿色，叶脉上面凹下而背面隆起

叶倒阔提琴状
叶背为紫绿色

叶全缘，叶基有2～3对刺

叶柄长3～5cm，具绒毛，红色

红雀珊瑚 *Pedilanthus tithymaloides*

别名：拖鞋花、洋珊瑚（广州）、扭曲草

常绿灌木，株高可达1m，株丛生状；茎、枝粗壮，带肉质，作“之”字状扭曲，无毛或嫩时被短柔毛。叶近无柄或具短柄，叶片卵形或长卵形，长3.5～8cm，宽2.5～5cm，顶端短尖至渐尖，基部钝、圆，两面被短柔毛，毛随叶变老而逐渐脱落；叶片有不规则波状缘。中脉在背面强壮凸起。聚伞花序丛生于枝顶或上部叶腋内，总苞鲜红或紫红色，形似拖鞋，两侧对称。

习性

喜温暖干热。受冻后叶片变白色而脱落。耐阴，在半阴的地方有利于开花，适宜在干燥无风的环境下生长。

分布

云南、广西、广东南部常见栽培。

应用

适于盆栽装饰，也可在绿地中配置。

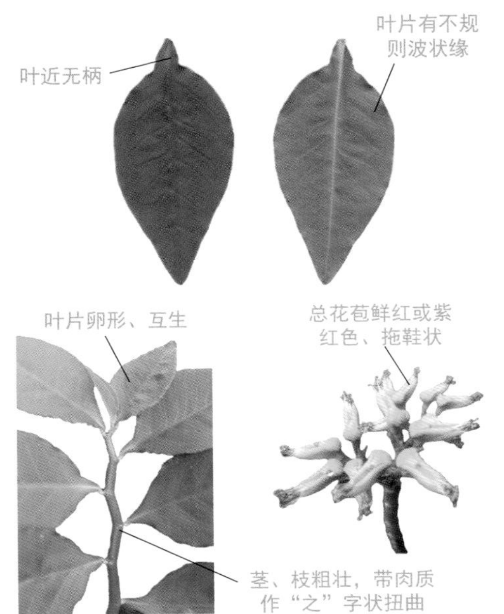

斑叶红雀珊瑚 *Pedilanthus tithymaloides* 'Variegatus'

别名：大银龙、龙凤木、变色龙

常绿灌木，高 1 ～ 2m，茎、枝粗壮，带肉质，作“之”字状扭曲，幼枝绿色，老枝黑褐色。叶厚纸质或近于革质，倒卵形，稀长圆形，长 2.5 ～ 8cm，宽 2 ～ 4.5cm，上面亮绿色，具白色及淡黄色斑点，下面淡绿色，具小乳突状突起，叶基部楔形或近于圆形，叶柄幼时散生细伏毛，后无毛。顶生圆锥花序，花深紫色，较稀疏，花梗贴生短毛。果卵圆形，熟后亮红色。

习性

喜高温高湿环境，怕寒冷与干燥；喜充足的光照，稍耐半荫。

分布

华南地区广为栽培。分布全世界的热带国家。

应用

适合庭植或大型盆栽，可孤植、丛植。

茎、枝粗壮，带肉质，作“之”字状扭曲，幼枝绿色

枝丛生状

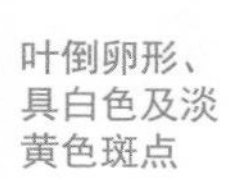

叶倒卵形、具白色及淡黄色斑点

圆锥花序，花深红紫色花梗贴生短毛

绣球花 *Hydrangea macrophylla*

别名：八仙花、紫阳花、绣球荚蒾、草绣球、大花绣球

落叶灌木或小乔木，高 3m。枝条开展，冬芽裸露。叶对生，叶片肥厚，光滑，宽卵形，先端锐尖，边缘有粗锯齿。表面暗绿色，背面被有星状短柔毛，叶具短柄；花于枝顶集成大球状聚伞花序，花径 18 ～ 20cm，花初开带绿色，后转为白色，具清香。花为白色、蓝色或粉红色，全部为不孕花。每朵花有瓣状萼 4 ～ 5 片；花瓣小，4 ～ 5 片，花期 5 月～ 7 月。

习性

喜温暖、湿润和半阴环境，怕旱又怕涝，不耐寒。

分布

华南地区广为栽培。原产我国大部分地区和日本。

应用

常植于疏林树下、游路边缘、建筑物入口处或草坪一角；也对植、孤植于庭院墙垣、窗前；亦做切花材料。

叶对生，叶片肥厚，光滑

花于枝顶集成大球状聚伞花序

桃树 *Amygdalus persica*

边缘具细或粗锯齿

别名：毛桃、白桃、桃子

落叶灌木或小乔木，高 3 ～ 8m。树皮暗红褐色，小枝无毛，具小皮孔。侧芽 3 个，具顶芽。叶长圆状披针形或倒卵状披针形，边缘具细锯齿；花粉红色，罕为白色，单生，先叶开放，近无柄；萼管钟形，被短柔毛，绿色而具有红色斑点；雄蕊 20 ～ 30 枚。核果的形状和大小变异较大，宽椭圆形或近球形。熟果带粉红色，肉厚多汁，气香味甜。果核扁心形，极硬。花期 2 ～ 4 月；果期通常为 8 ～ 9 月。

习性

喜光，不耐阴；喜夏季高温气候，有一定耐寒力，生长适温为 15 ～ 28℃；耐旱，不耐水湿。不耐黏土、碱性土，根系较浅，怕大风。

分布

华南地区广泛栽培。

应用

是园林中必备的春季观赏花木。常孤植、丛植、群植。

红叶李 *Prunus ceraifera* 'Atropurpurea'

别名：紫叶李

落叶小乔木，树皮紫灰色，小枝淡红褐色，整株树杆光滑无毛。单叶互生，叶卵圆形或长圆状披针形，长 4.5 ～ 6cm，宽 2 ～ 4cm，先端短尖，基部楔形，缘具尖细锯齿，羽状脉 5 ～ 8 对，两面无毛或背面脉腋有毛，色暗绿或紫红。花单生或 2 朵簇生，白色，花部无毛，核果扁球形，腹缝线上微见沟纹，熟时黄、红或紫色，光亮或微被白粉，花叶同放，果常早落。

习性

喜高温，稍耐寒。需全日照或半日照，阴暗植株徒长，株形松散。

分布

华南地区有栽培。

应用

点缀于林缘、护坡地、路边等。可做绿篱，孤植、群植等。

车轮梅 *Rhaphiolepis indica*

别名：石斑木、春花、雷公树

常绿灌木或小乔木，高 2 ～ 4m，枝粗壮极叉开。枝和叶在幼时有褐色柔毛，后脱落。叶常聚生于枝顶，革质，卵状披针形或披针形，先端圆钝至稍锐尖，基部楔形，边缘有细钝锯齿，稍向下方反卷，网脉明显。圆锥花序顶生，直立，密生褐色柔毛。花冠白色，中心呈淡红色至橙红色，合生。果实球形，黑紫色带白霜，顶端有萼片脱落残痕。花期 2 ～ 4 月；果期 7 ～ 8 月。

习性

喜温暖湿润气候，耐干旱瘠薄，略有庇荫处则生长更好。

分布

长江以南，日本、老挝、越南、柬埔寨、泰国和印度尼西亚也有分布。

应用

野生，在园林绿化中有引种应用。可孤植、丛植。

花瓣基部合生，常呈淡红至橙红色

圆锥花序顶生

叶常聚生于枝顶

叶革质、边缘有细钝锯齿

边缘稍向下方反卷网脉明显

幼叶红色

银叶金合欢 *Acacia podalyriifolia*

别名：银叶相思、珍珠金合欢、昆士兰银条

常绿灌木或小乔木，高 2 ～ 4m；树皮粗糙，褐色，多分枝。托叶针刺状，生于小枝上的较短。叶长 2 ～ 7cm，被灰白色柔毛，有腺体；长圆形，无毛。头状花序 1 或多个簇生于叶腋；总花梗被毛，苞片位于总花梗的顶端或近顶部；花黄色，有香味。花期 2 ～ 6 月；果期 5 ～ 11 月。

习性

喜光，能耐干旱贫瘠的土壤；在温带、亚热带及半干旱地区都能生长。

分布

原产澳大利亚。云南、广东、广西等地有栽培。

应用

花量大，园林观赏价值高，适宜种植在庭院或用作道路中间绿化带。

美蕊花 *Calliandra haematocephala*

别名：红绒球、朱缨花

常绿灌木或小乔木，高 1 ～ 3m；枝条扩展，小枝圆柱形，褐色，粗糙。托叶卵状披针形，宿存。二回羽状复叶，羽片 1 对，小叶 7 ～ 9 对，斜披针形，先端钝而具小尖头，基部偏斜，边缘被疏柔毛；中脉略偏上缘；叶柄及羽片轴被柔毛。头状花序腋生，花丝无毛；雄蕊管下端白色，上部离生的花丝淡紫红色。荚果线状倒披针形，暗棕色。花期几乎全年。

习性

性喜温暖、湿润和阳光充足的环境，不耐寒。花期长，生长快，生育适温为 23℃～ 30℃。

分布

热带、亚热带地区常有栽培。我国台湾、福建、广东有引种。原产南美。

应用

为良好的观赏及蜜源植物，可修剪整形，在绿地中孤植、列植或群植。

嫩叶紫红色

二回羽状复叶

中上部的小叶较大，下部的较小

头状花序腋生

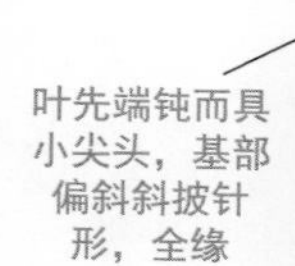

叶先端钝而具小尖头，基部偏斜斜披针形，全缘

红粉扑花 *Calliandra emarginata*

半落叶灌木或小乔木。托叶常宿存，有时变为刺状，稀无。二回羽状复叶，无腺体；羽片1至数对；小叶歪椭圆形至肾形，对生，小而多对或大而少至1对。头状花序腋生，复排成圆锥状，有小花20余朵，花瓣小而不显著，雄蕊红色，基部白色、合生，花丝细长，聚合成半球状。荚果线形，扁平，劲直或微弯，基部通常狭长，边缘增厚，成熟后，果瓣由顶部向基部沿缝线2瓣开裂；种子倒卵形，具马蹄形痕。花期从夏末至初冬。

习性

耐热、耐旱、不耐荫、耐修剪、易移植。冬季休眠期会落叶或半落叶。

分布

原产于墨西哥一带，中国华南地区有栽培。

应用

可孤植、列植、群植，开花能诱蝶。也适于盆栽或花槽栽植、修剪整形。

花丝下部为白色上部粉红色

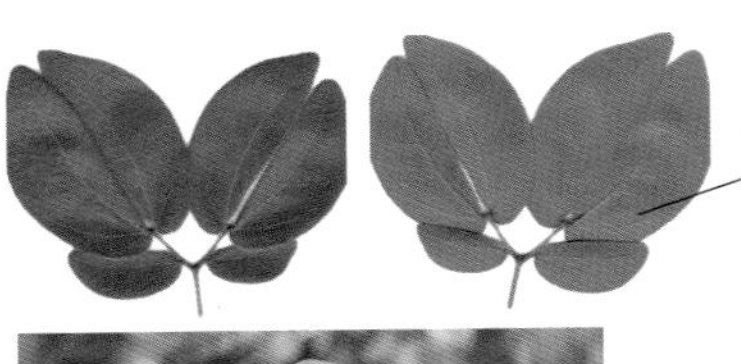

小叶长椭圆形，长约1cm，对生

荚果线形，边缘增厚

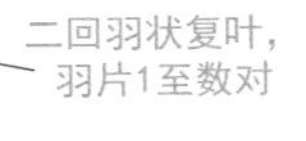

二回羽状复叶，羽片1至数对

头状花序多数，复排成圆锥状

树皮灰褐色

嘉氏羊蹄甲 *Bauhinia galpinii*

别名：橙花羊蹄甲、南非羊蹄甲、橙红花羊蹄甲

常绿藤状灌木，树形低矮，株高0.5～1.5m，枝条细软，枝极平整，向四周匍匐伸展，冠幅常大于高度。叶革质互生，全缘，双肾型或扁圆形，基部心形，先端分裂成两圆形裂片，状如羊蹄之甲，背面颜色较浅。花多，花形近似凤凰木之花朵，伞房或短总状花序顶生或腋生于枝梢末端，花瓣5瓣，浅红色至砖红色，花期5～10月。荚果扁平，初为绿色，成熟时为褐色，且木质化，常宿存。

习性

喜阳光充足、温暖、潮湿环境。

分布

原产非洲热带，中国广东、台湾等地有栽培。

应用

适宜丛植、孤植、列植等。

树形低矮，枝条细软，枝极平整，向四周匍匐伸展

叶双肾型或扁圆形，全缘

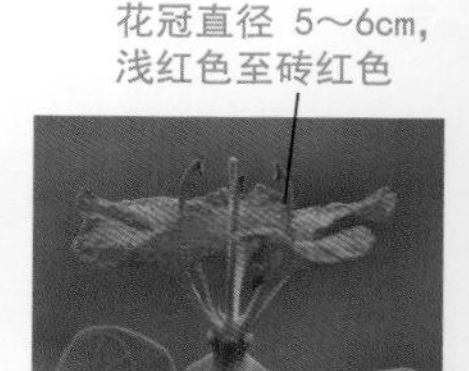

花冠直径 5～6cm，浅红色至砖红色

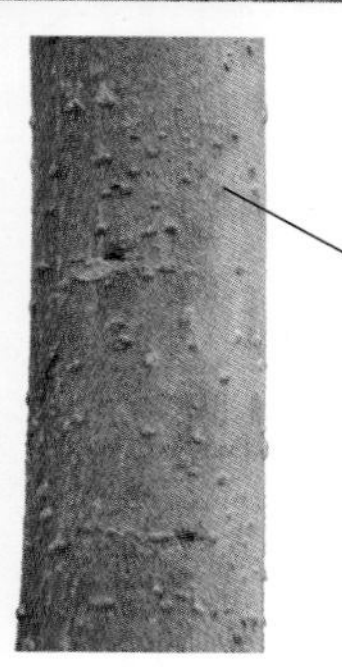

树皮黄褐色，皮孔明显

叶革质互生

伞房或短总状花序

洋金凤 *Caesalpinia pulcherrima*

别名：金凤花、红紫、蛱蝶花

半落叶灌木或小乔木，高达 4m。枝光滑，疏被刺。二回羽状复叶有羽片 4 ～ 8 对；小叶 7 ～ 11 对，近无柄，倒卵形或长圆形，长 1 ～ 2cm。总状花序近伞房状，顶生或腋生；花瓣圆形具柄，花冠橙红色；花丝长而突出。荚果近长条形，扁平，不开裂，先端有长喙，花期长，在中国华南地区花期、果期几乎全年。

习性

喜光、高温、湿润气候，耐热，不耐寒。

分布

中国南方各地庭园常见栽培。原产于西印度群岛。

应用

适宜丛植或群植。常用于山坡、水畔、石旁、草坪边、墙角等阳光充足之处。

黄花金凤花 *Caesalpinia pulcherrima* 'Flava'

别名：黄蝴蝶、黄金凤花

半落叶灌木或小乔木，高达4m。枝光滑，疏被刺。二回羽状复叶有羽片4～8对；小叶7～11对，近无柄，倒卵形或长圆形。总状花序近伞房状，顶生或腋生；花瓣圆形具柄，花冠全部为黄色；花丝长而突出。荚果近长条形，扁平，不开裂，先端有长喙。花期长，在中国华南地区花果期几乎全年。

习性

喜光、高温、湿润气候，耐热，不耐寒。

分布

原产西印度群岛。南方各地常见栽培。

应用

适宜丛植或群植于花坛及庭园，常用于山坡、水畔、石旁、庭院、草坪边、墙角等阳光充足之处。

翅荚决明 *Senna alata*

别名：美国槐

常绿灌木，高 1.5 ～ 3m。羽状复叶长 30 ～ 60cm；叶柄和叶轴有狭翅；小叶 6 ～ 12 对，薄革质，倒卵状长圆形或长椭圆形，长 8 ～ 15cm。总状花序顶生或腋生；花蕾挺直、蜡质，花冠黄色。荚果带形，长 10 ～ 20cm，有翅；果瓣中央有纸质翅，翅缘有圆钝齿；种子三角形，稍扁。花期 11 月至翌年 1 月；果期 12 月至翌年 3 月。

习性

喜光，耐半荫；喜温暖、湿润气候，不耐寒；耐贫瘠，不耐强风。

分布

华南地区广泛栽培。原产于美洲热带地区。

应用

花期长，宜列植、片植、群植于林缘、缓坡地或路边。

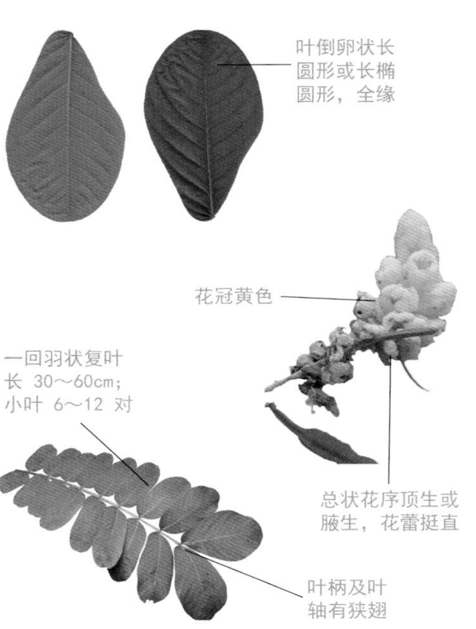

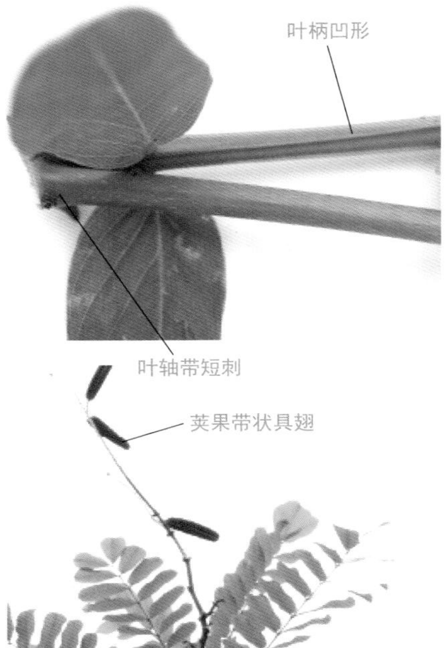

双荚决明 *Senna bicapsularis*

别名：金边决明、双荚槐

常绿直立灌木，高约 5m。多分枝。羽状复叶有小叶 3 ～ 4 对；小叶倒卵形或倒卵状长圆形，长 2.5 ～ 3.5cm。伞房式总状花序生于枝顶叶腋；花鲜黄色。荚果圆柱形。种子 2 列，卵形。花期 10 ～ 11 月；果期 11 月至翌年 3 月。

习性

喜光；喜温暖、湿润气候，能耐 -5℃低温；较耐旱。

分布

华南地区广泛栽培。原产美洲热带地区。

应用

可孤植、丛植或列植做绿篱；也用于高速公路隔离带。

南美山蚂蝗 *Desmodium tortuosum*

别名：扭荚山绿豆、紫花山蚂蝗

多年生直立草本，高达1m。茎自基部开始分枝。叶为羽状三出复叶；有小叶3片，稀具1片小叶；叶柄长1～8cm；小叶纸质，圆形或卵形，顶生小叶有时为菱状卵形。总状花序顶生或腋生，或基部有少量分枝而呈圆锥状花序；花冠红色、白色或黄色，旗瓣倒卵形，先端微凹入，龙骨瓣长圆形；二体雄蕊。荚果狭长圆形。花、果期7～9月。

习性

喜日照充足、温暖、湿润的环境，较耐旱。

分布

原产西印度群岛。中国华南等地逸生于荒地及平原旷野、路旁或灌丛中。

应用

花色多样，适宜在山坡、水畔、石旁、庭院、草坪边、墙角等阳光充足之处丛植、群植。

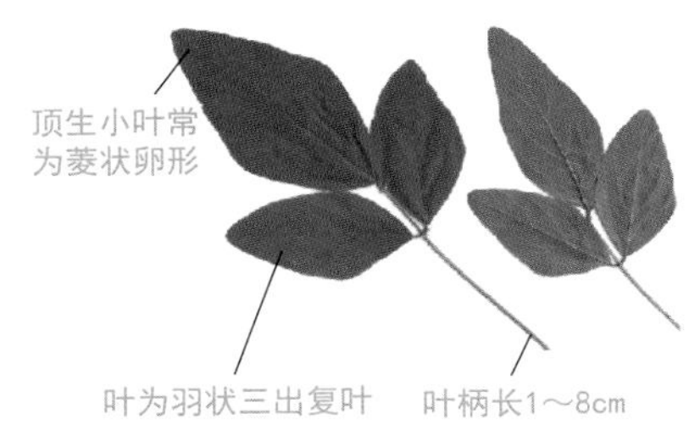

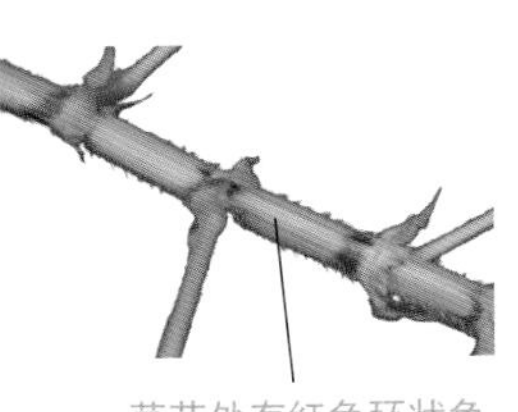

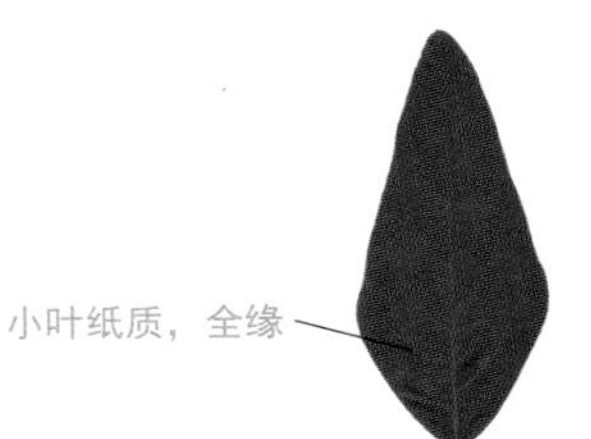

红花檵木 *Loropetalum chinense var. rubrum*

别名：红檵木

常绿灌木或小乔木，高达 4m。嫩枝被暗红色星状毛。叶质地较厚，互生，革质，卵形，全缘；嫩叶淡红色，老叶暗红色。短穗状花序；花瓣 4 枚，淡紫红色，呈带状线形。蒴果木质，倒卵圆形；种子长卵形，黑色，光亮。花期 4 ～ 5 月；果期 9 ～ 10 月。

习性

喜阳光充足，温暖的环境；耐寒、耐旱、稍耐瘠薄。

分布

华南地区常见栽培。产自湖南。

应用

为优良的观叶和观花植物，丛植或片植于花坛及庭园，或栽作盆景。

嫩枝被暗红色星状毛

花瓣4枚，淡紫红色，呈带状线形

嫩叶淡红色

短穗状花序

叶卵形，全缘

垂叶榕 *Ficus benjamina*

别名：垂榕

常绿乔木，多作灌木应用。高达20m。枝条稍下垂。叶互生，近革质，卵形至卵状椭圆形，长4～8cm，顶端尾状渐尖，微外弯，基部宽楔形或浑圆。隐头花序单个或成对腋生。果球形，成熟时黄色或淡红色。花期8～11月。气根少。

习性

喜光，喜高温、多湿气候；抗风、抗大气污染。

分布

华南地区和云南、贵州。亚洲南部至大洋洲也有分布。

应用

做庭园树、行道树、绿篱树，可丛植、列植、群植；常做灌木配置、修剪造型。

枝条稍下垂

顶端尾状渐尖，微外弯

叶互生，近革质，卵形

树冠浓绿，
枝叶茂密

花叶垂榕 *Ficus benjamina* ‘Variegata’

垂叶榕的栽培变种。小枝微垂，叶长卵形，先端尾尖，革质，绿色，部分叶片具黄白色斑，或整叶呈黄白色。气根不多。

习性

喜光、喜高温、喜多湿气候；耐瘠薄，抗风；抗大气污染，耐修剪。

分布

华南地区和云南、贵州有栽培。

应用

庭园树、绿篱树，可孤植、列植、群植。

小枝微垂

部分叶片具黄白色斑

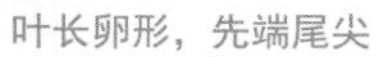

黄金垂榕 *Ficus benjamina* 'Golden Leaves'

垂叶榕的栽培变种。叶长卵形，先端尾尖，革质，新叶黄色，老叶具黄色斑块。气根少。

习性

喜光、喜高温、喜多湿气候；耐瘠薄，适应性强；抗风；抗大气污染，耐修剪。

分布

华南地区和云南、贵州有栽培。

应用

为优良的庭园树、绿篱树，可孤植、列植、丛植、篱植、群植。

无花果 *Ficus carica*

别名：密果、仙果、奶浆果

半落叶灌木，高 3 ～ 10m，多分枝；树皮灰褐色，皮孔明显；小枝直立，粗壮。叶互生，厚纸质，广卵圆形，长宽近相等，通常呈掌状 3 ～ 5 裂，边缘具不规则钝齿，叶面粗糙，基部浅心形；叶柄长 2 ～ 5cm，粗壮；托叶卵状披针形，红色。雌雄异株。榕果单生叶腋，大而梨形，直径 3 ～ 5cm，顶部下陷，成熟时紫红色或黄色。花果期 5 ～ 7 月。

习性

喜温暖湿润气候，耐瘠，抗旱，抗风，耐盐碱，不耐寒，不耐涝，具有良好的吸尘效果。

分布

华南地区广为栽培，南北各地有种植，新疆南部尤多。原产地中海沿岸。

应用

作庭院、公园观赏树木，是化工污染区绿化的好树种。还可做防风固沙、绿化荒滩用。

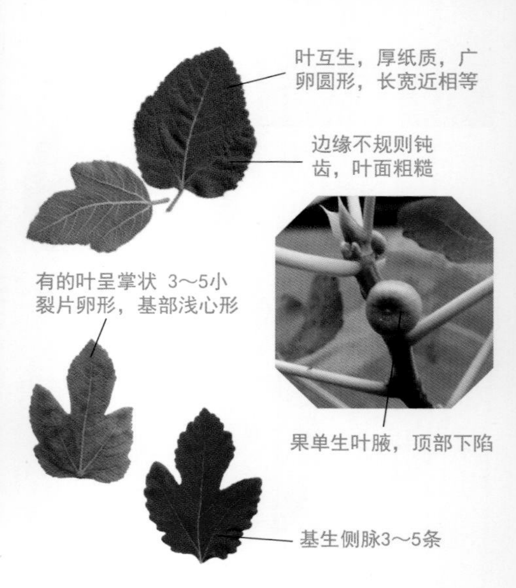

黄毛榕 *Ficus esquiroliana*

别名：大赦婆榕、猫卵子

常绿小乔木或灌木。树皮灰褐色，具纵棱。幼枝中空，被褐黄色长硬毛。叶互生，纸质，广卵形，急渐尖，具长约 1mm 尖尾，基部浅心形，表面疏生糙伏状长毛；叶柄长 5 ～ 11cm，细长；托叶披针形，早落。榕果腋生，圆锥状椭圆形，表面疏被或密生浅褐长毛，顶部脐状凸起，基生苞片卵状披针形；花期 5 ～ 7 月；果期 7 月。

习性

喜光、喜高温、喜多湿气候；耐湿，耐干旱，耐瘠薄，适应性强，抗风。

分布

西南、华南、台湾等地。越南、印度尼西亚、老挝、缅甸及泰国北部也有分布。

应用

多为野生。

叶柄及幼枝被褐黄色长硬毛

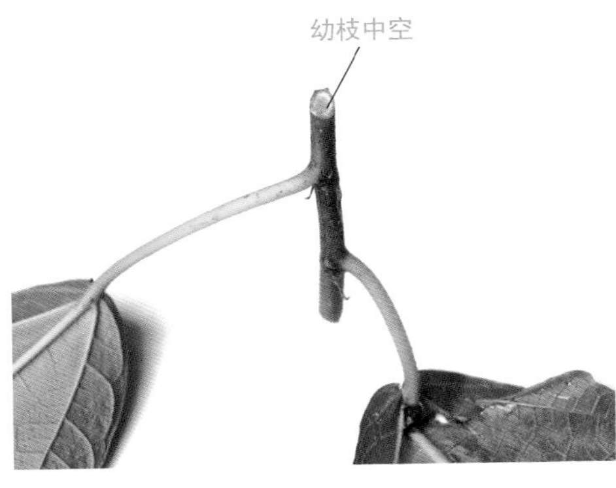

幼枝中空

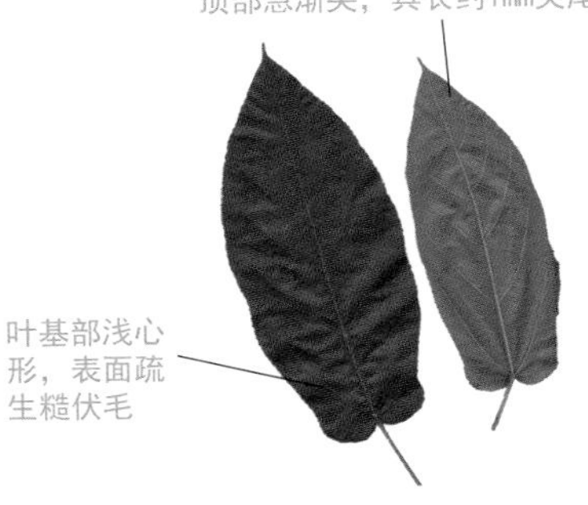

顶部急渐尖，具长约1mm尖尾

叶基部浅心形，表面疏生糙伏毛

榕果腋生，圆锥状椭圆形

黄金榕 *Ficus microcarpa* 'Golden Leaves'

别名：黄榕

榕树的栽培变种，灌木或小乔木，叶互生，椭圆形或卵圆形，先端渐尖，革质，全缘，叶金黄色，气根少。

习性

喜光、喜高温、喜多湿气候；抗风；抗大气污染。耐瘠薄，不耐荫，在光照不足的环境，叶色变绿以至脱落。

分布

1983 年从台湾引入华南、西南栽培。

应用

修剪造型易，常丛植、列植。做绿篱、花坛或隔离带，也可做盆景树。

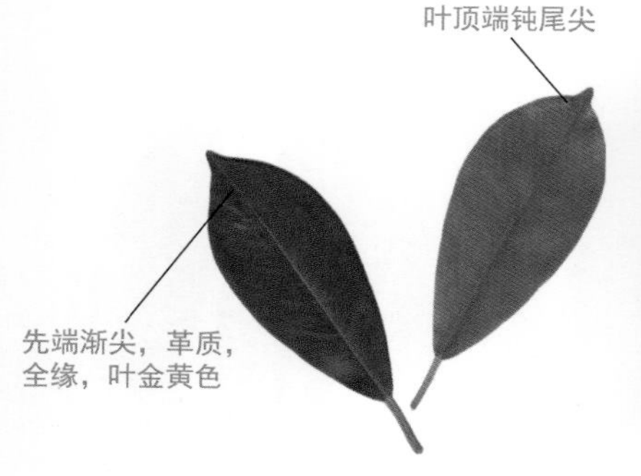

五指毛桃 *Ficus simplicissima*

别名：粗叶榕、三龙爪、亚桠、五爪龙、五指牛奶

落叶灌木或小乔木，高 1 ～ 2m，全株被黄褐色贴伏短硬毛，有乳汁。叶互生；叶片纸质，长椭圆状披针形或狭广卵形，先端急尖或渐尖，基部圆形或心形，常具 3 ～ 5 深裂片，微波状锯齿或全缘，两面粗糙，基出脉 3 ～ 7 条；具叶柄，长 2 ～ 7m；托叶卵状披针形，长 8 ～ 20mm。隐头花序，花序对生于叶腋或已落叶的叶腋间，球形，直径 0.5 ～ 1cm。瘦果椭圆形。花期 5 ～ 7 月，果期 8 ～ 10 月。

习性

喜高温、多湿气候，耐干旱，耐瘠薄，稍耐荫。

分布

福建、广东、海南、广西、贵州、云南等地。

应用

林中多野生，药用，风景林下常见。

全株被黄褐色贴伏短硬毛

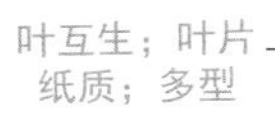

叶互生；叶片纸质；多型

常具 3～5 深裂片，微波状锯齿或全缘，两面粗糙

基出脉 3～7 条

无刺枸骨 *Ilex crenata* var. *fortunei*

果球形或略扁球形，熟后红色逐渐变为黑色

别名：

常绿灌木或小乔木，高 0.6 ～ 3m；幼枝具纵脊及沟，沟内被微柔毛或变无毛，二年枝褐色，三年生枝灰白色，具纵裂缝及隆起的叶痕。叶片厚革质，二型，四角状长圆形或卵形，长 4 ～ 9cm，宽 2 ～ 4cm，有时全缘（此情况常出现在卵形叶），基部圆形或近截形，叶面深绿色，具光泽，两面无毛，主脉在上面凹下，背面隆起，侧脉 5 或 6 对。果球形，直径 8 ～ 10mm，成熟时鲜红色，分核 4，内果皮骨质。花期 4 ～ 5 月，果期 10 ～ 12 月。

习性

喜光，稍耐荫，喜温湿气候。较耐寒。适应微碱性土壤，有较强抗性，萌发力强，耐修剪。

分布

长江下游至华南、华东、华北部分地区。集中在湖南、浙江、福建以及江苏。

应用

常修剪成球形灌木和绿篱使用。也可作盆栽。

叶边缘稍反折

叶片革质，倒卵形

叶背具不明显腺点；叶柄上面具浅沟

老枝具半月形隆起的叶痕，幼枝披短柔毛

枸骨 *Ilex cornuta*

别名：猫儿刺、百鸟不停、八角刺

常绿灌木或小乔木，高 3 ～ 4m，最高可达 10m 以上。树皮灰白色，平滑不裂；枝开展而密生。叶硬革质，近矩形，顶端扩大并有 3 枚大尖硬刺齿，中央一枚向背面弯，基部两侧各有 1 ～ 2 枚大刺齿，表面深绿而有光泽，背面淡绿色；叶有时全缘，基部圆形，这样的叶往往长在大树的树冠上部。花小，黄绿色，簇生于 2 年生枝叶腋。核果球形，鲜红色，具 4 核。花期 4 ～ 5 月；果 9 ～ 11 月成熟。

习性

喜光，稍耐荫；喜温暖气候，耐寒性不强。生长缓慢，萌蘖力强，耐修剪。

分布

产于长江流域及长江以南各地。

应用

宜做基础种植及岩石园材料，可对植或丛植。做绿篱兼有果篱、刺篱的效果。

绿冬青 *Ilex viridis*

别名：光叶冬青、壳叶冬青、绿叶冬青

常绿灌木或小乔木，高 1 ～ 5m。幼枝近四棱形，具纵棱及沟，沟内被毛。叶革质，倒卵形、倒卵状椭圆形，长 2.5 ～ 7cm，边缘稍反折，具细圆齿，叶面主脉被短柔毛，叶背具明显腺点；叶柄上面具浅沟，背微柔毛或无毛；雄花 1 ～ 5 朵组成聚伞花序，花白色，果黑色，球形，直径 0.9 ～ 1.1cm；花期 5 月；果期 10 ～ 11 月。

习性

喜湿润半荫环境，野生于常绿阔叶林、疏林及灌木丛中。

分布

华东、华南、贵州等地。

应用

为优良的绿篱树，可孤植、列植、群植、丛植供观赏。

雄花1～5朵成聚伞花序，腋生

幼枝近四棱形，具纵棱及沟，沟内被毛

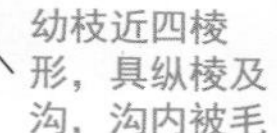

果黑色，球形

雀梅 *Sageretia thea*

别名：对节刺、雀梅藤、刺冻绿、碎米子、对角刺

常绿，藤状或直立灌木；小枝具刺，褐色，被短柔毛。叶纸质，近对生或互生，通常椭圆形，基部圆形或近心形，边缘具细锯齿，侧脉每边3～4条，上面不明显，下面明显凸起；叶柄长0.2～0.7cm，被短柔毛。花无梗，黄色，有芳香，通常2到数个簇生排成顶生或腋生疏散穗状或圆锥状穗状花序；核果近圆球形，成熟时黑色或紫黑色，具1～3分核，味酸。花期7～11月，果期翌年3～5月。

习性

喜温暖、湿润气候，不甚耐寒。耐旱，耐水湿，耐瘠薄。喜阳也较耐荫。萌发力强，耐修剪。

分布

产长江流域及东南沿海各省。

应用

是中国树桩盆景主要树种之一，为岭南盆景中的五大名树之一。可用做绿篱、垂直绿化材料。

小枝具刺　　枝褐色，被短柔毛

核果近圆球形，成熟时黑色或紫黑色

叶纸质，互生近对生边缘具细锯齿

侧脉每边3～4（5）条，上面不明显，下面明显凸起

九里香 *Murraya exotica*

别名：石辣椒、九秋香、九树香、七里香、千里香、万里香

常绿灌木，高达6m。枝白灰或淡黄灰色，但当年生枝绿色。奇数羽状复叶互生，叶轴不具翅；小叶3～9片，两侧常不对称，叶形变异极大，卵形、匙状倒卵形至近棱形，全缘，表面深绿色，有光泽。伞房花序顶生，侧生或生于上部叶腋内；花白色，极芳香。果卵形或球形，橙黄至朱红色，顶部短尖，略歪斜，果肉有粘胶质液，种子有短的棉质毛。花期4～8月，也有秋后开花，果期9～12月。

习性

喜阳光充足，稍耐荫；喜温暖、湿润的气候；不耐寒，不耐干旱。抗大气污染。

分布

云南、贵州、湖南、广东、广西、福建、海南、台湾等地。

应用

常做绿篱和道路隔离带植物，耐修剪，也是优良的盆景材料。

果卵形或球形，橙黄至朱红色，顶部短尖，略歪斜

花白色，五瓣

伞房花序顶生

叶顶端钝圆，全缘

小叶两侧常不对称，叶面深绿色

当年生枝条绿色

奇数羽状复叶互生，叶轴不具翅

胡椒木 *Zanthoxylum bungeanum* ‘Odorum’

别名：驱蚊草

常绿灌木，高 30 ～ 90mm，质感极细，叶色深绿，光泽明亮，全株具浓烈胡椒香味。奇数羽状复叶，叶基有短刺 2 枚，叶轴有狭翼。小叶对生，倒卵形，长 0.7 ～ 1cm，革质，全叶密生腺体。雌雄异株，雄花黄色，雌花橙红色。果实椭圆形，绿褐色，观叶植物。

习性

需强光。耐热，耐寒，耐旱，耐风，耐修剪，不耐水涝，易移植。

分布

中国长江以南地区。从日本引入，生长慢。

应用

适于做花槽、低篱、地被栽植修剪造型或盆栽。孤植、列植、群植。

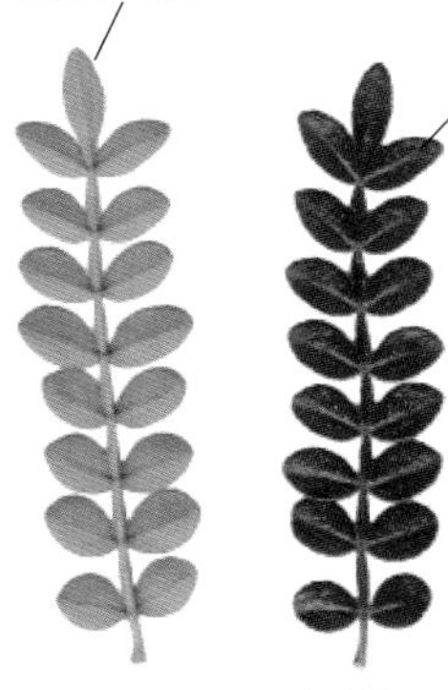

米仔兰 *Aglaia odorata*

别名：米兰、树兰、七叶兰

常绿灌木或小乔木，多分枝。幼枝顶部具星状锈色鳞片，奇数羽状复叶，互生，叶轴有窄翅，小叶3～5对，对生，倒卵形至长椭圆形，先端钝，基部楔形，两面无毛，全缘，叶脉明显。圆锥花序腋生。花黄色，极香。花萼5裂，裂片圆形。花冠5瓣。雌蕊子房卵形，密生黄色粗毛。浆果，卵形或球形，有星状鳞片。种子具肉质假种皮。花期7～8月或四季开花。

花黄色，圆锥花序腋生

习性

喜阳光充足、空气流通的温暖地方，不耐寒。

分布

广东、广西、福建、四川、贵州和云南等地常有栽培。

应用

常做绿篱和道路隔离带植物，耐修剪。

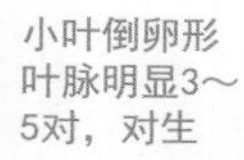

孔雀木 *Dizygotheca elegantissima*

别名：手树

常绿观叶灌木或小乔木，常在 2m 以下。树干和叶柄都有乳白色的斑点。叶互生，掌状复叶，小叶 7 ～ 11 枚，条状披针形，长 7 ～ 15cm，宽 1 ～ 1.5cm，边缘有锯齿或羽状分裂，幼叶紫红色，后成深绿色。叶脉褐色，总叶柄细长，甚为雅致。栽培有宽叶及斑叶品种，其掌状复叶只有 5 ～ 7 枚小叶，长 5 ～ 7cm，宽 1 ～ 2cm，生长缓慢。

习性

喜光，但不耐强光直射，喜温暖湿润环境，不耐寒，易受冻害。

分布

华南地区有栽培。产于云南南部及西南部，印度、斯里兰卡至中南半岛也有分布。

应用

适合盆栽观赏，常用于居室、厅堂和会场布置。

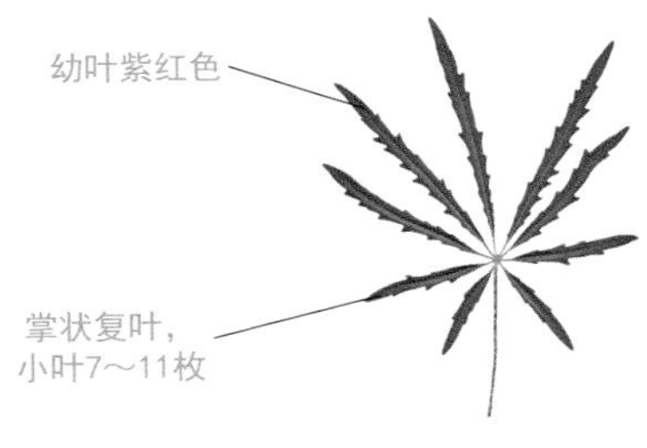

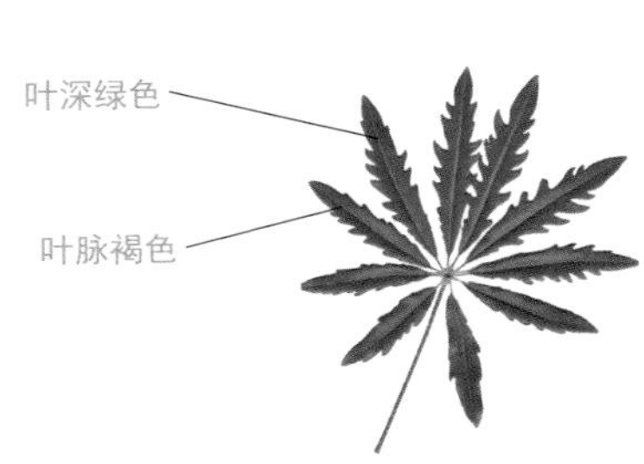

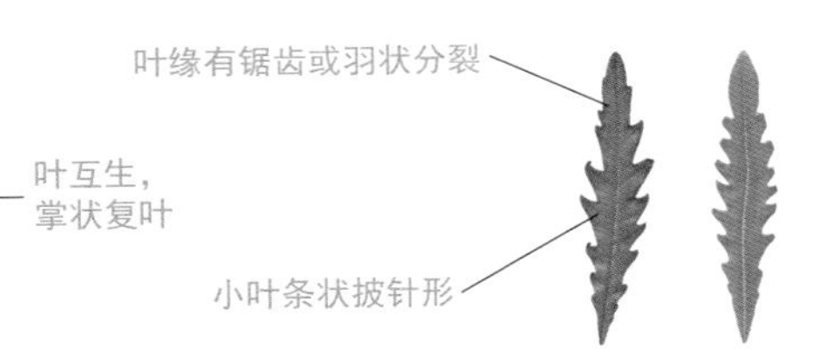

八角金盘 *Fatsia japonica*

别名：八金盘、八手、手树、金刚纂

常绿灌木或小乔木，高达 6m。茎光滑无刺。叶柄长 10 ～ 30cm；叶片大，革质，近圆形，直径 12 ～ 30cm，掌状 7 ～ 9 深裂，裂片长椭圆状卵形，先端短渐尖，基部心形，边缘有疏离粗锯齿，叶面亮绿色，叶背色较浅，有粒状突起，边缘有时呈金黄色；侧脉在两面隆起，网脉在叶背稍显著。花瓣 5，卵状三角形，长 0.25 ～ 0.3cm，黄白色，无毛；花盘凸起半圆形。果近球形，熟时黑色。花期 10 ～ 11 月。

习性

喜温暖湿润的气候，极耐荫，不耐干旱，有一定耐寒力。对二氧化硫抗性较强。

分布

华南地区有栽培。产自日本南部。

应用

观叶植物，适宜配植于庭院、门旁、窗边、墙隅及建筑物背阴处，点缀溪流滴水之旁，也可成片群植于草坪边缘及林地、立交桥下。

叶基部心形，边缘有疏离粗锯齿

叶柄长 10～30cm

花黄白色

叶片大，掌状 7～9 深裂，叶脉在叶背明显隆起

圆叶南洋参 *Polyscias scutellaria*

别名：圆叶福禄桐

常绿观叶灌木。茎带铜色，茎枝表面有明显的皮孔。小叶阔圆肾形，直径约为10cm，叶缘有粗钝锯齿或不规则浅裂，先端圆，基部歆心形，叶缘稍带白色，薄肉质。

习性

喜明亮光照，但忌阳光直射。喜高温多湿环境，不耐寒。

分布

华南地区有栽培。原产新喀里多尼亚。

应用

适合盆栽观赏，常用于居室、厅堂和会场布置。

茎带铜色，皮孔明显

叶基部歆心形

叶阔圆肾形

叶柄长于叶

叶缘粗齿或不规则浅裂

南洋参 *Polyscias fruticosa*

别名：羽叶福禄考、细裂羽叶南洋森

常绿观叶小乔木或灌木。叶为不整齐的2～3回羽状复叶，小叶狭长披针形，侧枝多下垂，树冠呈伞状，颇美观。枝和茎纤细而柔韧，新生长部分有明显皮孔。伞形花序圆锥状，花小且多。果实为浆果状。叶形多变，叶色碧绿，并有花叶品种。

习性

喜温暖、潮湿，喜光，耐半荫。

分布

原产我国南海诸岛和亚洲热带地区。华南地区有栽培。

应用

观叶植物，常以中小盆种植做室内观赏，也做绿篱用。

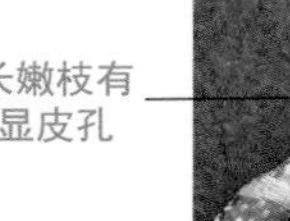

鹅掌藤 *Schefflera arboricola*

别名：卵叶鹅掌藤、香港鹅掌藤

常绿灌木，高 2 ～ 3m。枝条紧密，多分枝。掌状复叶，小叶 7 ～ 9 片，深绿色有光泽。圆锥花序顶生；花冠白色至淡绿色。浆果圆球形，熟后红色。花期 7 ～ 8 月；果期 9 ～ 12 月。

习性

喜温暖、湿润的气候，喜光，耐半阴；适应性较强。

分布

华南地区有栽培。原产于亚洲热带地区。

应用

常做室内摆设及林下林缘地被植物，多为片植、列植。也用于花坛花境配置。

浆果球形，熟后红色

枝条紧密

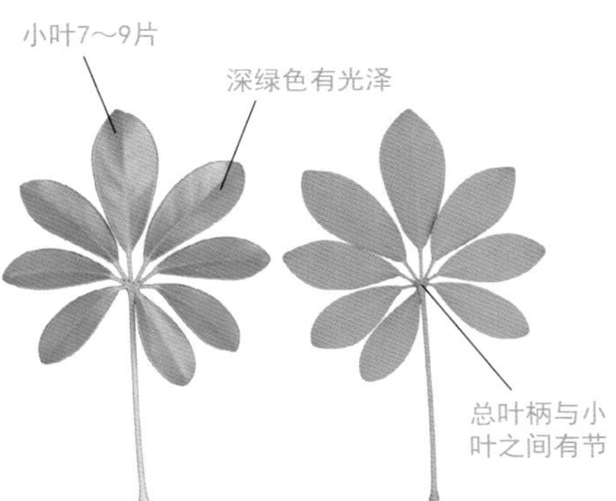

花冠白色至淡绿色

斑卵叶鹅掌藤 *Schefflera arboricola* 'Hong Kong Variegata'

别名：花叶鹅掌藤、斑卵叶香港鹅掌藤

半蔓性常绿观叶灌木。掌状复叶互生，革质富光泽；小叶 5 ～ 9 片，倒卵形，叶面散布深浅不一的黄色斑块，斑块面积常小于绿色面积。秋季开淡绿色或黄褐色小花。果实球形，成熟时红色。

习性

喜温暖、湿润的气候，喜光，耐半阴；适应性较强。

分布

原产热带或亚热带地区。中国华南地区有栽培。

应用

常做室内摆设及林下林缘地被植物，多为片植、列植。也用于花坛花境配置。

半蔓性

叶面散布深浅不一的黄色斑块

黄色斑块面积常小于绿色面积

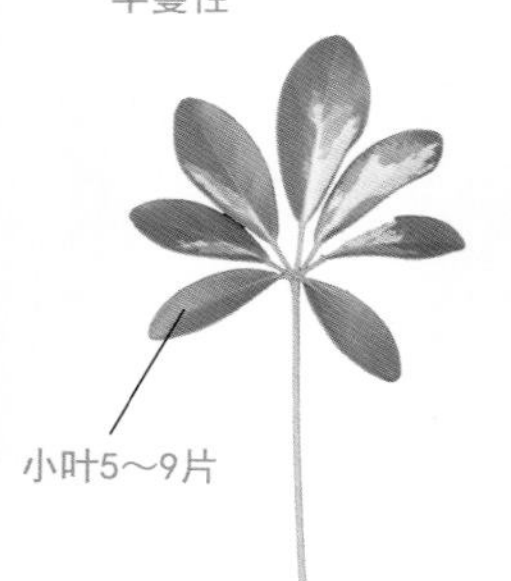

小叶5～9片

叶与叶柄间有节

白斑鹅掌藤 *Schefflera arboricola* 'Jacqueline'

别名：美斑鹅掌藤、斑白叶鹅掌藤

半蔓性常绿观叶灌木，株高可达 3 ～ 5m。树冠圆、侧枝细长；皮孔茶褐色。掌状复叶，革质富光泽；小叶 5 ～ 9 片，倒卵形或长椭圆形，亦有不规则歪斜，全缘，无毛，叶色浓绿或散布深浅不一的黄色斑块，斑块面积常大于绿色面积。小叶与叶柄之间有关节。

习性

喜温暖、湿润的气候，宜半阴，忌强光直射。

分布

华南地区有栽培。原产热带或亚热带地区。

应用

常做室内摆设及林下林缘地被植物，也用于花坛花境配置。

锦绣杜鹃 *Rhododendron pulchrum*

别名：鲜艳杜鹃

半常绿灌木，高1.5～2.5m；枝开展，淡灰褐色，被淡棕色糙伏毛。叶薄革质，椭圆状，先端钝尖，基部楔形，边缘反卷，全缘，上面深绿色，初时散生淡黄褐色糙伏毛，后近于无毛，下面淡绿色，被微柔毛和糙伏毛，中脉和侧脉在上面下凹，下面显著凸出；叶柄长0.3～0.6cm，密被棕褐色糙伏毛。伞形花序顶生，有花1～5朵；花梗长0.8～1.5cm，密被淡黄褐色长柔毛；花冠玫瑰紫色，阔漏斗形，长4.8～5.2cm，直径约6cm，裂片5，阔卵形，长约3.3cm，具深红色斑点；蒴果长圆状卵球形，长0.8～1cm，被刚毛状糙伏毛，花萼宿存。花期4～5月，果期9～10月。

习性

喜疏荫，忌暴晒，要求凉爽湿润气候，通风良好的环境。土壤以pH值4.5～6.0为佳，较耐瘠薄干燥，萌芽能力不强，根纤细有菌根。

分布

江苏、浙江、江西、福建、湖北、湖南、广东和广西。

应用

常片植于疏林树下、游路边缘、建筑物入口、墙垣、窗前处或草坪一角。

杜鹃花 *Rhododendron simsii*

别名：映山红、红杜鹃、满山红

落叶灌木，高 2 ～ 5m。分枝多而纤细，密被亮棕褐色扁平糙伏毛。叶革质，常集生于枝端，卵形、椭圆状卵形或倒卵形或倒卵形至倒披针形，长 1.5 ～ 5cm，先端短渐尖，基部楔形，边缘微反卷，具细齿，下面淡白色，密被褐色糙伏毛；中脉在上面凹陷，下面凸出；叶柄长 0.2 ～ 0.6cm，密被亮棕褐色扁平糙伏毛。花 2 ～ 3 朵簇生于枝顶；花梗长 0.8cm，密被亮棕褐色糙伏毛；花萼 5 深裂，裂片三角状卵形；花冠阔漏斗形，玫瑰色、鲜红色或暗红色，长 3.5 ～ 4cm，裂片 5 枚，倒卵形，上部裂片具深红色斑点；蒴果卵球形。花期 2 ～ 3 月；果期 6 ～ 8 月。

习性

喜疏阴，忌暴晒，要求凉爽湿润气候，通风良好的环境。土壤以 pH 值 4.5 ～ 6.0 为佳，较耐瘠薄干燥，萌芽能力不强，根纤细有菌根。

分布

江苏、浙江、江西、福建、湖北、湖南，广东和广西。

应用

观花灌木，常片植、群植于庭院中。

花 2～3 朵集生枝顶，花冠阔漏斗形，玫瑰色，鲜红色或暗红色，裂片上具深红色斑点。

叶革质，常集生于枝端，边缘稍反卷

花梗、苞片密被褐色糙伏毛

叶缘具细齿

叶背淡白色

神秘果 *Synsepalum dulcificum*

别名：变味果、奇迹果

常绿小乔木或成灌木状，株高可达 6m。叶丛生枝顶，倒披针形，全缘，革质。花腋生；花冠乳白或乳黄色。果实椭圆形，熟时鲜红色，可食用；果实具改换味觉的功能。花期 4 月；果期 9 ～ 10 月。

习性

喜高温，不耐寒冷，光照须良好。

分布

广东、海南有栽培。原产于非洲热带地区。

应用

适于庭园栽植或做大型盆栽。

密鳞紫金牛 *Ardisia densilepidotula*

别名：罗芒树、山马皮、黑度、仙人血树

常绿灌木或小乔木，因花、果、叶均密被鳞片而得名，小枝粗壮，皮粗糙，幼时被秀色鳞片。叶片革质，倒卵形或广倒披针形，顶端钝急尖或广急尖，基部楔形，下延，全缘，常反折，叶面平整，背面密被鳞片，无腺点。中脉微凹，侧脉微隆起，连成近边缘的边缘脉；叶柄长约 1cm，具狭翅和沟。多回亚伞形花序组成的圆锥花序，顶生或近顶生；花小，花瓣粉红色至紫红色；果球形，直径约 0.6cm，紫红色至紫黑色。花期 6 ～ 10 月。

习性

喜光，耐旱、耐风、耐阴、耐瘠薄，生性强健。

分布

华南地区有栽培。原产我国海南岛。

应用

观赏树种，适于孤植、列植、群植或做大型盆栽。

东方紫金牛 *Ardisia elliptica*

别名：矮紫金牛、小叶春不老、兰屿紫金牛

常绿灌木，通常无毛，嫩叶粉红或红紫色，叶厚，新鲜时略肉质，倒披针形或倒卵形，顶端钝和有时短渐尖，基部楔形，全缘，具平整或微弯的边缘，无毛，深绿色，具不明显的腺点。侧脉极细和不明显，连成边缘脉；花序具梗，亚伞形花序或复伞房花序，近顶生或腋生于特殊花枝的叶状苞片上，花枝基部膨大或具关节；花粉红色至白色；萼片圆形，花蕾有时呈覆瓦状排列，边缘干膜质和具细缘毛，具厚且黑色的腺点；花瓣广卵形，具黑点；果直径约 0.8cm，红色至紫黑色，具极多的小腺点，新鲜时肉质。花期 5 ～ 10 月。

习性

生性强健，耐风耐阴，耐瘠薄，喜光，耐旱。

分布

华南地区有栽培。产于我国台湾，马来西亚、菲律宾也有分布。

应用

为优良的庭园树、绿篱树，可孤植、列植、群植供观赏。

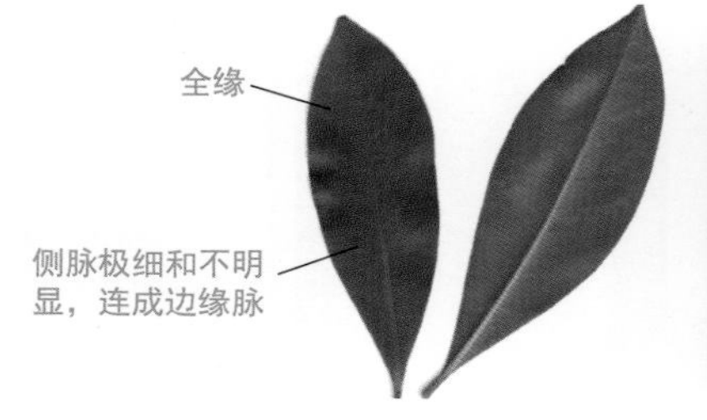

灰莉 *Fagraea ceilanica*

别名：非洲茉莉、华灰莉

常绿攀缘灌木或小乔木，高 4 ～ 10m。树皮灰色。枝叶浓密，叶椭圆形或倒卵形，长 5 ～ 25cm，宽 2 ～ 10cm，顶端渐尖或急尖，基部窄楔形，革质，全缘，侧脉不明显。二岐聚伞花序顶生，长 6 ～ 12cm；侧生小聚伞花序由 3 ～ 9 朵花组成，近无柄；花冠 5 裂，漏斗状；花大，花色由白变黄，芳香。浆果卵形或近球形，顶端具短喙。花期 5 月；果期 10 月。

习性

喜温暖、多湿环境；喜半阴耐强光，耐瘠薄，适应性强；抗风且耐修剪。

分布

华南地区、台湾、云南。印度、马来西亚也有分布。

应用

用于园林绿地可孤植、列植、群植，还可做室内外盆栽，观赏效果较好。

二岐聚伞花序顶生

花冠5裂，漏斗状；花大，花色由白变黄

分枝浓密

叶对生，老枝树皮灰色

叶椭圆形或倒卵形，全缘

叶片肥厚，侧脉不明显

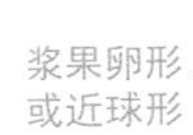

浆果卵形或近球形

云南黄素馨 *Jasminum mesnyi*

别名：南迎春、野迎春、大花迎春、黄素馨

常绿藤状灌木，高 0.5 ～ 5m。枝条柔软下垂，具浅 4 棱。叶对生，三出复叶，革质，叶缘反卷，中脉在下面凸起，侧脉不明显；叶柄具沟。花单生于叶腋；苞片叶状；花萼钟状；花冠黄色，芳香，漏斗状，裂片 6 ～ 9 枚。果椭圆形，花期 11 月至翌年 8 月；果期 3 ～ 5 月。

习性

喜温暖湿润和充足阳光，忌积水，稍耐阴，较耐旱。

分布

华南地区广为栽培，南北各地有种植。产贵州、云南。

应用

可于堤岸、台地和阶前边缘栽植，也用于顶棚及花槽布置，可盆栽观赏。

枝条柔软下垂，具浅4棱

复叶对生，叶柄具沟

茉莉 *Jasminum sambac*

别名：茉莉花

常绿直立或攀缘灌木，高达3m。枝条柔软细长，常呈藤状；小枝绿色，老枝灰白色。单叶对生，椭圆形或宽卵形，全缘，叶色翠绿有光泽。顶生聚伞花序，有3～5朵小花；花瓣白色，香味清纯；花萼裂片8～9枚，线形。浆果球形，成熟时紫黑色。花期5～8月；果期7～9月。

习性

喜阳光，稍耐阴；喜温暖、湿润气候，耐暑热。

分布

原产于印度、伊朗及阿拉伯地区。华南地区露天栽培。

应用

多丛植、篱植于路旁，或盆栽。

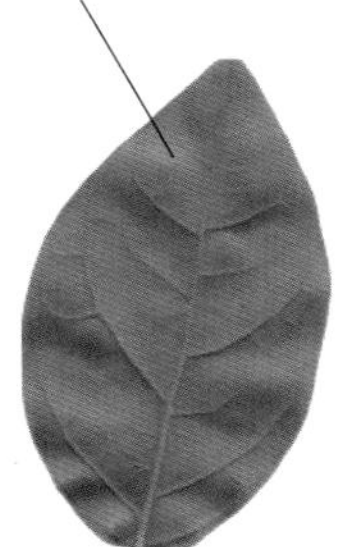

山指甲 *Ligustrum sinense*

别名：小蜡、小叶女贞

常绿灌木或小乔木，高 2 ～ 4m。小枝圆柱形。叶薄革质，卵形、椭圆形或卵状披针形，长 2 ～ 7cm，宽 1.5 ～ 3.5cm，先端锐尖或钝，基部宽楔形或近圆形。圆锥花序由当年生枝条的叶腋及枝顶抽出，长 4 ～ 10cm，花序轴密被淡黄色柔毛；花白色，微芳香；花萼钟状；裂片 4 枚，长圆形。核果球形，直径 0.3 ～ 0.4cm。花期 3 ～ 6 月；果期 9 ～ 12 月。

习性

喜强光，稍耐阴；对严寒、酷热、干旱、瘠薄均具有很强的适应能力。酸性、中性和碱性土壤均能生长。

分布

中国长江以南及西南地区，越南也有分布。

应用

是庭园美化修剪造型的优良树种；亦适合做绿篱。

花白色，圆锥花序顶生或腋生

单叶对生，嫩枝被柔毛

锈鳞木犀榄 *Olea ferruginea*

别名：尖叶木犀榄

常绿灌木或小乔木，高 3 ～ 10m。枝密叶浓、叶面光亮，小枝褐色或灰色，近四棱形，无毛，密被细小鳞片。单叶，对生；叶柄被锈色鳞片；叶片革质，狭披针形至长圆状椭圆形，先端渐尖，具长凸尖头，基部渐窄，叶缘稍反卷，两面无毛或在上面中脉被微毛，叶面有光泽，叶背有皮屑状锈色鳞毛。圆锥花序腋生；花序梗具棱，稍被锈色鳞片；花白色，两性；花萼小，杯状，齿裂；果宽椭圆形或近球形，成熟时呈暗褐色。花期 4 ～ 8 月，果期 8 ～ 11 月。

习性

生长快，萌芽力强，耐修剪，适应性强，有较强抗热性和耐寒性。

分布

云南、四川、广西。

应用

可孤植、列植和群植，常做绿篱或盆栽，也做道路分隔带植物。

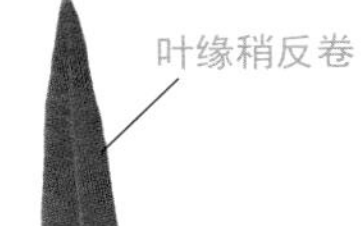

四季桂花 *Osmanthus fragrans* var. *semperflorens*

常绿灌木，高 3 ～ 5m。叶对生，革质，椭圆形或椭圆状披针形，长 7 ～ 15cm，宽 2.5 ～ 4.5cm，先端渐尖，基部渐狭成楔形，全缘或上半部有锯齿，两面无毛，叶片较其他品种薄。聚伞花序簇生于叶腋；花细小，极芳香；花冠黄白色、淡黄色。果歪斜，椭圆形，熟时紫黑色。一年开花数次，但仍以秋季为主。

习性

喜光，耐半荫；喜温暖、空气湿润和通风良好的环境。

分布

中国南北各地有种植。印度、尼泊尔、柬埔寨有分布。

应用

适合庭园栽植，也做绿篱或大型盆栽，是常用的香花植物。

紫蝉花 *Allamanda violacea*

别名：紫花黄蝉、紫蝉、大紫蝉

常绿蔓性灌木，株高约 0.4 ～ 1.2m，全株有白色体液。叶长椭圆形或倒卵状披针形，近无柄，3 ～ 4 枚轮生。花腋生，漏斗形，花冠 5 裂，暗桃红色或淡紫红色。花期 6 ～ 10 月。

习性

喜温暖湿润气候，喜高温，生育适温 23 ～ 30 度。

分布

广西、广东、福建、台湾等地有栽培。巴西有分布。

应用

适合大型盆栽、围篱或小花棚美化，也可在绿地中丛植配置。

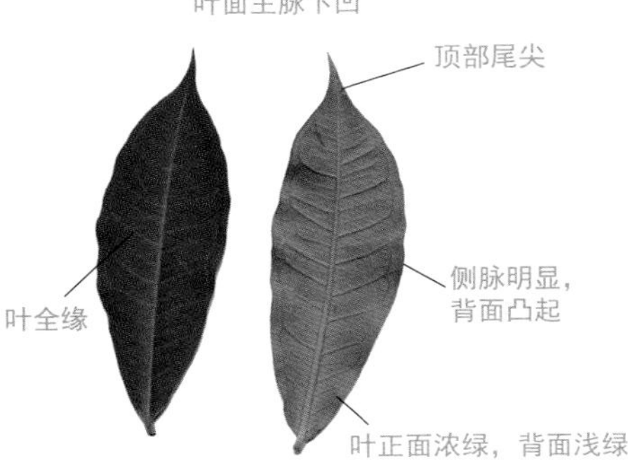

大花软枝黄蝉 *Allemanda cathartica* var. *hendersonii*

常绿攀援性灌木，高 2 ～ 4m，叶 3 ～ 4 片轮生，卵状披针形，长 10 ～ 15cm，宽 2.5 ～ 4cm，两端均渐狭，革质，有光泽，腹面深绿色，背面黄绿色，全缘。花大，花径 10 ～ 12cm，具短柄，聚伞圆锥花序，顶生，花冠五裂，漏斗状，橙黄色，花背浅褐色，花期几乎全年，10 月最盛。

习性

喜高温多湿、阳光充足的气候条件，温度最低应保持在 10℃以上。

分布

原分布于热带美洲、巴西。中国华南地区引入栽培。

应用

可丛植、片植、群植或做花篱，北方是主要的盆栽观花植物。

软枝黄蝉 *Allemanda cathartica*

别名：黄莺、小黄婵、泻黄婵

常绿藤状灌木，高达4m。枝条软，弯垂，具白色黏稠乳汁。叶对生或3～5片轮生，长圆形或倒卵状长圆形，长6～15cm，侧脉扁平。花冠黄色，漏斗状，花径5～8cm；花冠裂片卵形，顶端圆。蒴果球形，具长刺，约1cm长。种子扁平，黑色，边缘膜质或具翅。花期几乎全年；果期冬季。

习性

喜光，喜高温、多湿气候，不耐寒，不耐干旱。

分布

广东、广西、福建、海南和台湾等南部地区广为栽培。

应用

适合做庭园绿化、整形、低篱或盆栽。可丛植、篱植、片植。

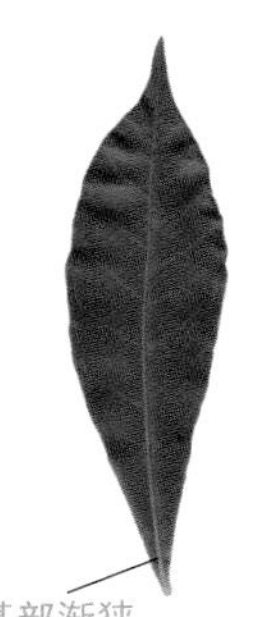

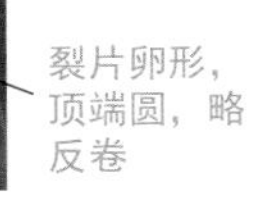

黄蝉 *Allamanda schottii*

别名：硬枝黄蝉

直立灌木，高 1 ～ 2m。枝条少有下垂，枝有白色稀薄乳汁。叶 3 ～ 5 片轮生，椭圆形或倒卵状长圆形，长 5 ～ 12cm，侧脉在叶背凸起。花序顶生，总花梗和花梗被秕糠状短柔毛；花冠黄色，漏斗状，冠筒基部膨大；裂片浅黄色，卵形或圆形，顶端钝。蒴果球形，直径约 3cm，具长刺。花期 5 ～ 8 月；果期 10 ～ 12 月。

习性

喜光；喜温暖、湿润气候；不耐寒、不耐旱。

分布

广东、广西、福建和台湾等地均有栽培；长江以北多盆栽。

应用

适宜丛植或于阶前、池畔和路旁配置；也做花篱和盆栽供观赏。

叶3～5片轮生，叶片皱折不平展

花冠黄色，漏斗状

蒴果球形，直径约3cm，具长刺

冠筒基部膨大

侧脉在叶背凸起

叶纸质，全缘

红蝉花 *Mandevilla sanderi*

别名：红花文藤、双腺花、飘香藤

常绿蔓性灌木，株高约 0.2～0.4m，全株有白色体液。叶对生，长心形，两面光滑。夏至秋季开花，花漏斗形，花冠 5 裂，桃红色，花管膨大呈浅黄色，花姿花色娇柔艳丽。

习性

热带阳性植物，性喜高温，日照充足。冬季要温暖避风。

分布

我国华南地区有栽培。

应用

适合盆栽或庭园丛植美化，由于蔓性力弱，不适宜做阴棚植物。

红花夹竹桃 *Nerium oleander*

别名：洋夹竹桃、欧洲夹竹桃

常绿大灌木，高达5m，无毛。茎直立、光滑，为典型三叉分枝。叶3～4枚轮生，在枝条下部为对生，窄披针形，全缘，革质，长11～15cm，宽2～2.5cm，背面浅绿色；侧脉扁平，密生而平行。顶生聚伞花序；花萼直立；花冠深红色、重瓣，有香气。副花冠鳞片状，顶端撕裂。果实长而窄，有5～23cm长，直径1.5～2cm；成熟时会爆开放出大量种子。种子顶端具黄褐色种毛。花期6～10月，果期12月一翌年1月。

花深红色、重瓣，有香气

叶片 3～4 枚轮生，在枝条下部为对生

习性

喜光，喜温暖湿润气候，不耐寒，忌水渍，耐一定程度空气干燥。微碱土也能适应。对类尘及有毒气体有很强吸收能力，有抗烟雾、抗灰尘、抗毒物和净化空气、保护环境的能力。

分布

长江以南各地广为栽植。现广植于世界热带地区。

应用

是工矿区美化绿化的优良树种。

花繁叶茂，萌蘖力强

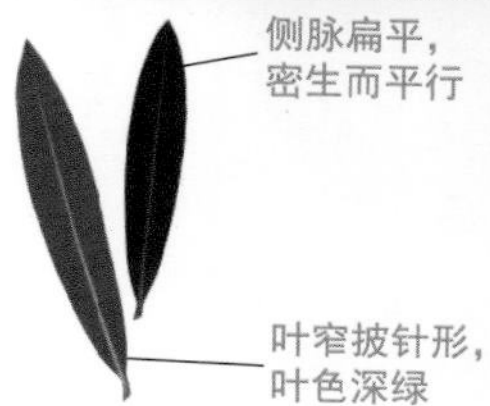

侧脉扁平，密生而平行

叶窄披针形，叶色深绿

粉花夹竹桃 *Nerium oleander* 'Roseum'

别名：桃红夹竹桃

常绿灌木，高 2 ～ 3m。植物体有乳汁。下部的叶对生，上部的轮生，狭披针形，长 10 ～ 15cm。伞房状聚伞花序顶生；花冠淡粉红色，单瓣，有香味。蓇葖果长圆形，长 15 ～ 20cm。全年均可开花。

习性

喜光，不耐荫，喜高温湿润气候，生性强健，适应性强，抗风，抗大气污染，耐干旱瘠薄，耐海潮，不择土质。

分布

广植于世界热带地区，我国长江以南各省区广为栽植。

应用

适合孤植、列植、群植和盆栽，园林绿化可作绿篱或道路分隔带植物。

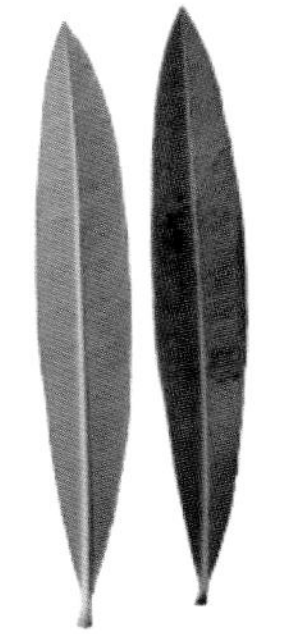

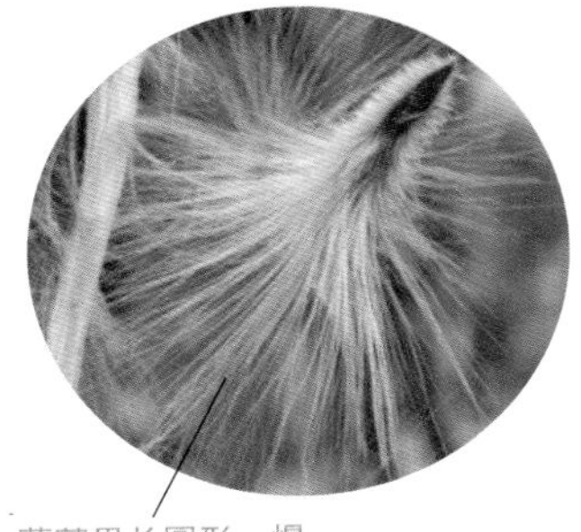

蓇葖果长圆形，爆开后放出大量种子

伞房状聚伞花序顶生

枝顶部叶轮生

花淡粉红色，单瓣

黄花夹竹桃 *Thevetia peruviana*

别名：黄花状元竹、酒杯花

常绿灌木或小乔木，高 2 ～ 5m。分枝多，小枝柔软下垂。树皮棕褐色，皮孔明显，全株具丰富乳汁。叶互生，近革质，线形或线状披针形，两端长尖，光亮，全缘，边缘稍反卷；无柄。顶生聚伞花序；花黄色，具香味。核果扁三角状球形，内果皮木质。花期几乎全年；果期 8 月至翌年春季。

习性

喜光，喜温暖，稍耐轻霜。不耐水湿，耐旱力强。萌蘖力强，较耐阴。对二氧化硫、氯气、烟尘等有毒有害气体具有很强的抵抗及吸收能力。

分布

中国台湾、福建、广东、广西和云南等地，其他热带和亚热带地区也有分布。

应用

可在建筑物左右、绿地、路旁、池畔等地段种植；是工矿区美化绿化的优良树种。

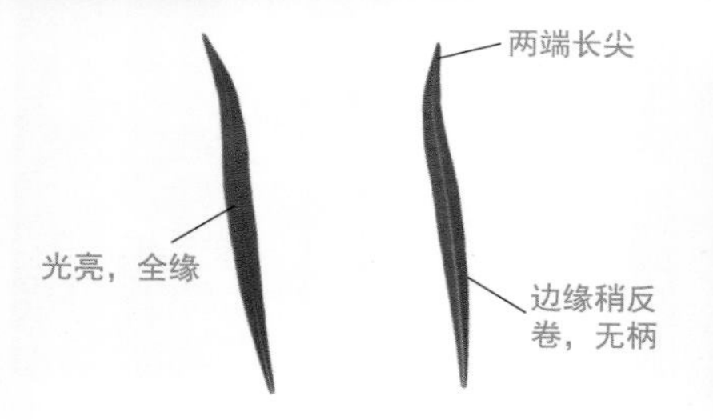

狗牙花 *Tabernaemontana divaricata*

别名：白狗花、狮子花、豆腐花

常绿灌木或小乔木，高达5m。分枝浓密，全株有乳汁。叶对生，椭圆形或椭圆状长圆形，短渐尖，基部楔形，长5.5～11.5cm，宽1.5～3.5cm，叶面平滑，墨绿亮丽，具蜡质光泽。聚伞花序腋生，着花6～10朵，花白色，高脚碟状；花冠裂片微向右旋；雄蕊着生花冠管中部以下。蓇葖果。花期4～9月；果期7～11月。

习性

喜温暖、多湿环境；喜半阴，耐强光，耐瘠薄和干旱。

分布

长江以南各地有栽培。产云南。泰国、缅甸、尼泊尔、孟加拉国、不丹、印度也有栽培。

应用

适合孤植、列植、群植和盆栽，也可做绿篱或道路分隔带植物。

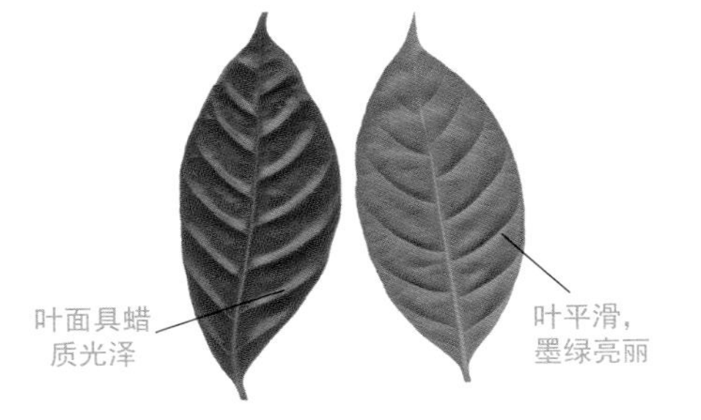

气球果 *Gomphocarpus fruticosus*

别名：唐棉、风船唐棉、河豚果

常绿亚灌木，高达1.8m。叶片线形，较尖，表面光滑，叶色浓绿，背面稍淡。花白色至淡黄色，果实奇特，黄绿色，卵圆形、圆鼓鼓，像是充足了气的气球。果内除种子外，中空无果肉。果实成熟后能自行爆裂，种子上部附生银白色绒毛，形似降落伞，风吹即飘到各处播种，风船唐棉因此得名。花期极长，每年从秋开到初春，花、果并存。

习性

喜温暖、湿润和阳光充足的环境，稍耐阴，不耐寒，耐干旱。

分布

华南地区有种植。原产非洲热带。

应用

可孤植、丛植庭院，枝是插花的好材料。

花白色至淡黄色

叶全缘

叶片线形，较尖，表面光滑

叶色浓绿，背面稍淡

果实奇特，黄绿色，卵圆形、圆鼓鼓

栀子 *Gardenia jasminoides*

别名：野白蝉、花木、狭叶黄栀子

常绿灌木，高 0.5 ～ 3m。单叶对生或 3 叶轮生，革质，披针形或长圆状披针形，长 3 ～ 20cm，顶端渐尖而尖端常钝，基部渐狭，常下延；侧脉明显，6 ～ 9 对。花冠白色，高脚杯状，盛开时裂片反卷。柱头棒形，果卵形。花期 4 ～ 8 月。

习性

喜光也耐阴，喜温暖湿润气候。

分布

安徽、浙江、广东、广西、海南有栽培。

应用

适合林缘或空旷地边缘丛植，片植观赏，也做盆景栽植。

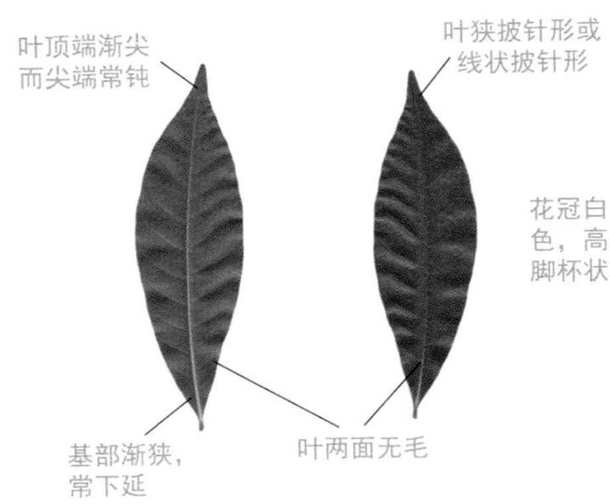

白蟾 *Gardenia jasminoides* var. *fortuniana*

别名：白蝉、栀子花

常绿灌木，株高 1 ～ 2m，茎灰色，小枝绿色。单叶对生或 3 叶轮生，叶片革质，稀纸质，全缘，倒卵形或矩圆状倒卵形。花单生于枝顶或叶腋，花大，重瓣，白色具浓香。花期 3 ～ 7 月，果期 5 月至翌年 2 月。

习性

喜温暖湿润气候，好阳光但不能经受强烈阳光直射，是典型的酸性土壤植物。

分布

长江流域，华南及西南地区。

应用

观花植物，适合做庭园矮篱或盆栽，也可丛植、片植。

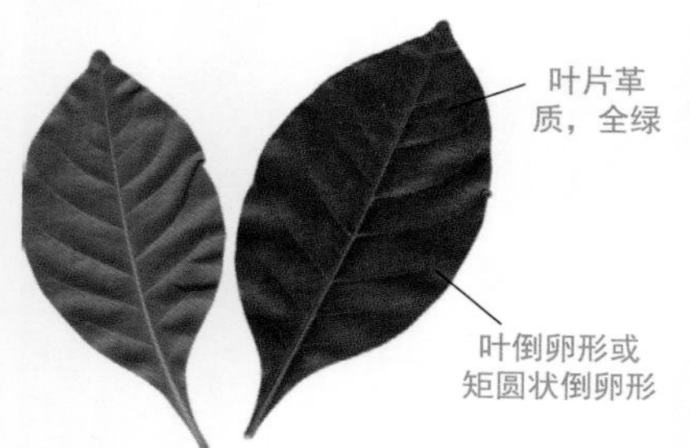

希茉莉 *Hamelia patens*

别名：四叶红花、长隔木、希美丽

常绿灌木，植株高 2 ～ 4m，分枝能力强，树冠广圆形；茎粗壮，红色至黑褐色。叶全缘，3 ～ 4 枚轮生，长披针形，长 15 ～ 17cm，宽 5 ～ 6cm，纸质，叶面较粗糙，黄绿色，入秋紫红，顶端短尖或渐尖，边缘微波状，背面灰绿色；幼枝、幼叶及花梗被短柔毛，淡紫红色。聚伞圆锥花序，顶生，管状花长 2.5cm，橘红色。花期 5 ～ 10 月。

习性

喜高温、高湿、阳光充足，耐荫蔽，耐干旱，忌瘠薄，畏寒冷。

分布

我国南部和西南部有栽培。原产巴拉圭等拉丁美洲各国。

应用

适合林缘或空旷地边缘丛植观赏，也可植于栅栏、矮墙或花门做垂直绿化，亦可盆栽观赏。

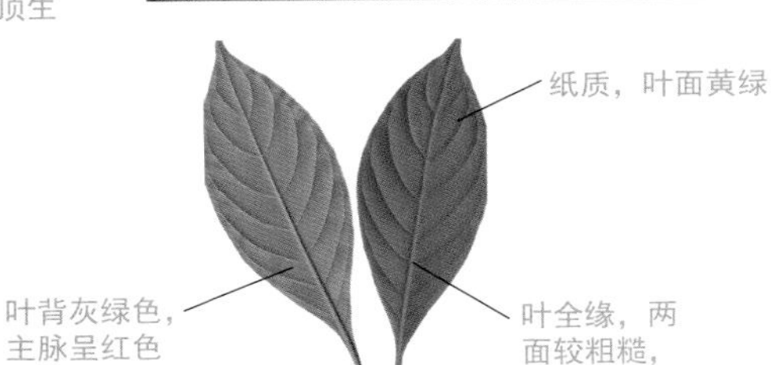

龙船花 *Ixora chinensis*

别名：山丹花、山灯花、五月花

常绿灌木，高0.8～2m。叶对生，披针形、长圆状披针形至长圆状倒披针形，长6～13cm，宽3～4cm；托叶基部阔，合生成鞘。花序顶生，具短总花梗；花冠红色或红黄色，顶部4裂；裂片长椭圆形，两端渐尖。果近球形，熟时红黑色。花期5～7月；果期7～10月。

习性：

喜光而稍耐半荫，稍耐寒，耐高温；耐干旱，耐瘠薄。

分布：

广植于热带城市做庭园观赏，广州、香港等地有野生。产于亚洲热带。

应用：

适合庭园丛植或点缀于山石间，也片植或做花坛。

花序顶生，具短总花梗

花冠红色或红黄色，顶部4裂

叶对生，全缘

果近球形

果成熟时红黑色

叶面稍粗糙

红花龙船花 *Ixora coccinea*

常绿小灌木，高达 80cm。叶纸质或稍厚，椭圆形至狭长圆形，顶端短尖或钝；叶柄较短。托叶生于叶柄间，常合生成一鞘；伞房状聚伞花序顶生，三歧分叉；花 4 数；红色或黄红色，几乎全年开花，浆果近球形，成熟时黑红色。

习性

喜光，耐半阴，但过于荫蔽则不易开花；喜高温、多湿的气候，不耐寒。

分布

我国南方各省有栽培。

应用

适宜庭院中孤植、丛植或布置花坛，也可做室内摆设。

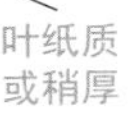

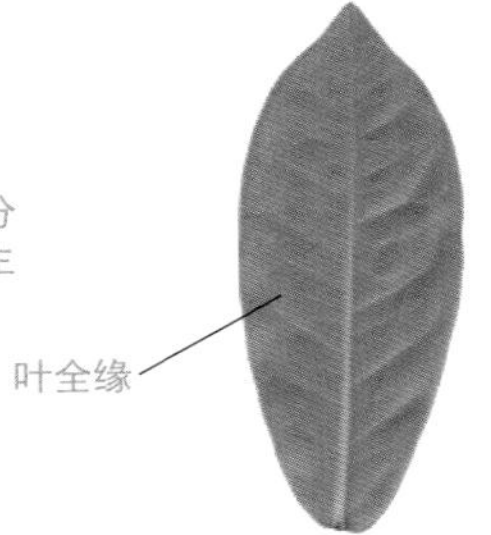

大王龙船花 *Ixora duffii* 'Super King'

别名：大王仙丹

常绿灌木。叶卵状披针形或长椭圆形，长 10 ～ 17cm，先端突尖。花红色，顶部 4 裂；裂片卵形或近圆形，花径可达 15cm 以上。花期夏、秋季。花是龙船花类中最大的品种。

习性

耐高温，耐旱，但不耐长期干旱。耐瘠薄，不耐寒。

分布

华南地区有栽培。

应用

庭园栽植或盆栽供观赏，可做切花。常丛植、片植。

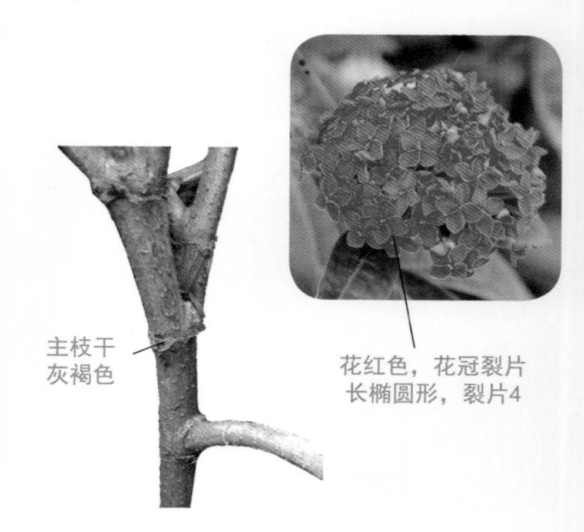

黄花龙船花 *Ixora coccinea* var. *lutea*

别名：黄龙船花、黄仙丹花

常绿小灌木，老茎黑色有裂纹，嫩茎平滑无毛。叶对生，倒长卵形，先端尖，几乎无柄，薄革质或纸质。花冠黄色，裂片及雄蕊均 4 枚。浆果近球形，熟时红黑色，花期夏、秋季。

习性

耐高温，耐旱，但不耐长期干旱。耐瘠薄，生性强健。

分布

中国、马来西亚、欧洲各国。

应用

盆栽观赏或做庭园栽培布置。丛植、片植或花槽种植。

粉花龙船花 *Ixora* westii

别名：宫粉龙船花

常绿小灌木，无毛。园艺杂交种，叶对生，有极短的柄，纸质，披针形、矩圆状披针形或矩圆状倒卵形，长 6 ～ 13cm；托叶长 0.6 ～ 0.8cm。花序具短梗，有红色的分枝，长 6 ～ 7cm，直径 6 ～ 12cm；花 4 ～ 5 数，直径 1.2 ～ 1.6cm，具极短的花梗；萼檐裂片齿状，远较萼筒短；先端钝或短突尖；花冠淡洋红至桃红色，聚伞花序顶生。夏、秋季开花最盛。

习性

耐旱，喜高温、避风环境，不耐寒。

分布

华南地区有栽培。

应用

做庭园矮篱或盆栽。可孤植、带植、丛植。

小叶龙船花 *Ixora williamsii* 'Sunkist'

别名：矮龙船花、矮仙丹

常绿小灌木，高0.5～1m，叶革质，长2～4cm，较短小，对生，叶柄极短；聚伞花序顶生，花萼长不及0.2cm；花冠殷红，裂片短尖，长约0.7cm。浆果近球形，成熟时黑色。花夏、秋季最盛。

习性

喜光，喜高温多湿气候，不耐寒。

分布

现世界各地广泛栽培。原产印度，

应用

园林中带植、片植布置，景观效果极佳。

红纸扇 *Mussaenda erythrophylla*

别名：红玉叶金花、血萼花、红叶金花

半落叶灌木。叶纸质，披针状椭圆形，长 7 ~ 9cm，宽 4 ~ 5cm，顶端长渐尖，基部渐窄，两面被稀柔毛，叶脉红色。聚伞花序。花冠黄色。一些花的一枚萼片扩大成叶状，深红色，卵圆形，长 3.5 ~ 5cm。顶端短尖，被红色柔毛，有纵脉 5 条。花期夏至秋季。

习性

喜高温、半阴环境，适生温度为 20℃ ~ 30℃，冬季气温低至 5℃ ~ 7℃时极易受冻枯死。越冬温度最好在 15℃以上。

分布

华南地区有引种。原产西非。

应用

宜配置于林下、草坪周围或小庭院内。盆栽或庭院丛植均极为理想。

叶纸质，长7～9cm

叶两面被稀柔毛，叶脉红色

一枚萼片成叶状，深红色，卵圆形

聚伞花序，花冠浅黄色

叶纸质，披针状椭圆形

粉纸扇 *Mussaenda hybrida* ‘Alicia’

别名：粉萼金花、粉纸扇、粉萼花

直立或攀缘状半落叶灌木，叶色翠绿，株高 1 ～ 2m。叶对生，长椭圆形，全缘，叶面粗，尾锐尖，叶柄短，小花金黄色，高杯形合生，呈星形，花小很快掉落，只看到其肥大萼片，且 5 枚萼片均肥阔，粉红色，微后卷，盛开时满株粉红色。聚伞花序顶生，很少结果。花期夏至秋冬。

习性

阳性植物，喜光照充足，喜高温，耐热，耐旱。

分布

原产热带非洲、亚洲。中国有引种。

应用

适宜盆栽、花槽栽植，也可孤植、列植或群植于庭院中。

九节 *Psychotria rubra*

别名：山大刀、大丹叶

常绿灌木或小乔木。叶对生，纸质或革质，长圆形至倒披针状长圆形，全缘；侧脉5～15对，在下面凸起。聚伞花序顶生，多花；总花梗极短，常成伞房状或圆锥状；花萼杯状，顶端近截平或不明显的5齿裂；花冠白色，喉部被白色长柔毛，裂片三角形，与冠管近等长，开放时反折。核果红色，有纵棱。花果期全年。

习性

野生生于平地、丘陵、山坡、山谷溪边的灌丛或林中。

分布

华南、华东地区及云南、贵州、台湾，日本、东南亚及印度也有分布。

应用

多为野生，常见林下。

核果红色，有纵棱

六月雪 *Serissa japonica*

别名：满天星、碎叶冬青、白马骨、悉茗

常绿小灌木。株高不及1m。树形美观秀丽，枝条纤细，成株分枝浓密。叶极小，卵圆形，绿色。花白色，漏斗形，花小而密，花期夏季，盛开时如同雪花散落，故名“六月雪”。

习性

喜阳光，也较耐阴，忌狂风烈日。对温度要求不严，在华南为常绿，西南为半常绿。耐旱力强，对土壤要求不严，适应性强。

分布

江苏、浙江、江西、广东、台湾等东南及中南各省，日本也有分布。

应用

常植于花坛、路边及花篱，也适于盆栽或做盆景，做切花。

成株分枝浓密

花小而密

花叶六月雪 *Serissa japonica* 'Variegata'

别名：花叶满天星

常绿或半常绿丛生灌木，高不及1m。叶对生或成簇生状，常聚生于小枝上部，形状变异很大，卵形或狭椭圆形，全缘。叶面有白色斑纹；托叶膜质，基部宽，顶端有几条刺状毛。花小，白色带红晕，单生或多朵簇生于小枝顶。花冠漏斗状，长约0.7cm。核果近球形。花期5～6月，果期8～9月。

习性

喜温暖湿润气候及半阴半阳环境，抗寒力不强。萌芽力、分蘖力较强，耐修剪，亦易造型。

分布

江苏、浙江、江西、广东、台湾等东南、中南各省，日本也有分布。

应用

是优良的盆景材料。也常栽植于林冠下、灌木丛中。

福建茶 *Carmona microphylla*

别名：基及树、银星树

常绿灌木，高达3m，多分枝。叶在长枝上互生，在短枝上簇生，叶小，革质，深绿色，倒卵形或匙状倒卵形，边缘常反卷，先端有粗圆齿，表面有光泽，有白色圆形小斑点，叶背粗糙。聚伞花序腋生，或生于短枝上，花冠白色或稍带红色。核果球形，成熟时红色或黄色。

习性

喜温暖湿润气候，不耐寒，较耐阴，萌芽力强，耐修剪，不拘土质。

分布

广东西南部、海南省及台湾。

应用

适于路旁、门前、墙脚或花坛沿边做绿篱，也用来做树桩盆景。

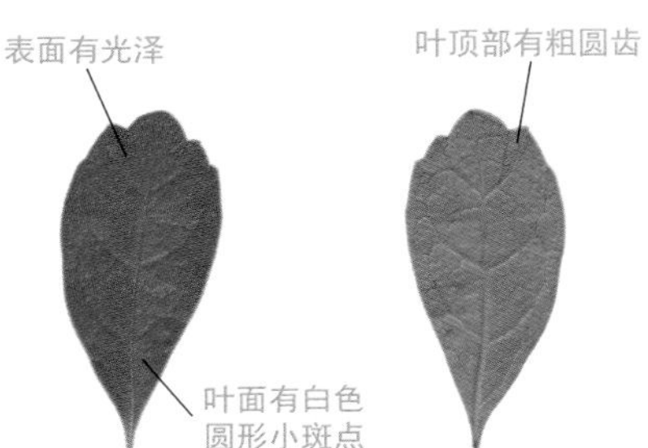

鸳鸯茉莉 *Brunfelsia latifolia*

别名：番茉莉、二色茉莉

常绿灌木，植株高达 1.5m，茎皮深褐色或灰白色，纵裂。分枝力强，单叶互生，长披针形或椭圆形，先端渐尖，具短柄。叶长 5 ～ 7cm，宽 1.7 ～ 2.5cm，纸质，腹面绿色，背面黄绿色，叶缘略波皱。花单生或 2 ～ 3 朵簇生叶腋，花高脚碟状，花冠五裂，花瓣锯齿明显，冠径 4 ～ 5cm，花萼呈筒状。花含苞待放时为蘑菇状、深紫色，初开时蓝紫色，后渐成淡雪青色，最后变成白色，单花可开放 3 至 5 天。花香浓郁，花期全年。

习性

喜温暖、湿润、光照充足。耐寒性不强，半阴、通风的环境，耐干旱，不耐瘠薄。

分布

中国长江以南地区以及西部地区。

应用

宜在园林绿地中孤植、片植、丛植，也可盆栽观赏。

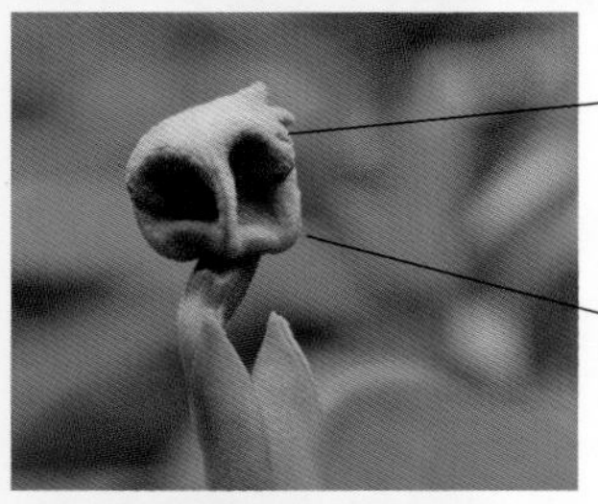

含苞待放时为蘑菇状

花苞深紫色

花高脚杯状，初为蓝紫色

花最后变成白色

花冠五裂，渐成淡雪青色

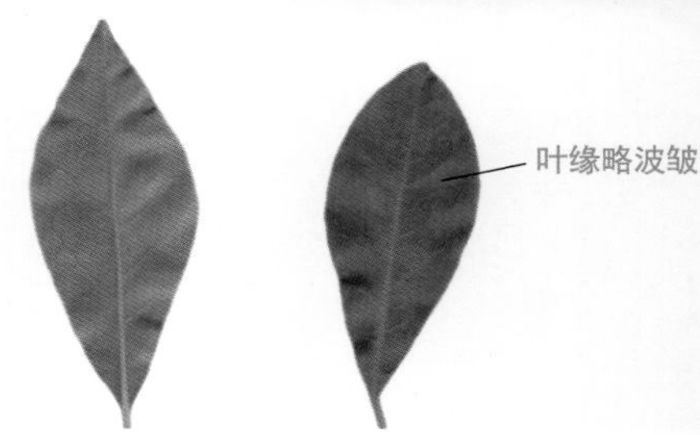

叶缘略波皱

水茄 *Solanum torvum*

别名：刺茄、山颠茄、金纽扣、鸭卡

常绿灌木，高1～2m，小枝、叶下面、茎有皮刺。单叶互生，羽状浅裂。花白色，排螺旋状聚伞花序；花冠辐射状。浆果球形，黄色。全年可开花结果。

习性

喜温暖湿润环境，野生于路旁、荒地、山坡灌丛、沟谷及村庄附近潮湿处。

分布

西藏、云南、贵州、广西、广东、海南、香港、澳门、福建、台湾。

应用

野生植物，可用作观赏。

花冠辐射状

叶缘羽状浅裂

叶互生

浆果球形，成熟时黄色

小枝、叶下面、茎有皮刺

红花玉芙蓉 *Leucophylum frutescens*

常绿灌木，株高约 0.3 ～ 1.5m，株叶茂密，叶互生，银白色，椭圆形或倒卵形，长约 2 ～ 4cm。叶色独特，密被银白色毛茸，质厚，全缘，微卷曲。花腋生，花冠铃形，五裂，紫红色，极美艳。花期夏秋至初冬。

习性

阳性植物，耐寒耐旱耐热，喜欢生长在温暖稍干旱的环境中。

分布

南方各地有栽培。

应用

适宜孤植、丛植或布置花坛。可修剪成型、低篱或盆栽。

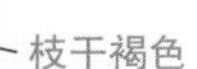

美洲凌霄 *Campsis radicans*

别名：厚萼凌霄、美国凌霄

落叶藤本，长可达 10m 或更长。具气生根。羽状复叶对生；小叶 9 ～ 11 片，椭圆形至卵状椭圆形，顶端尾状渐尖，基部楔形，边缘具齿。顶生圆锥花序；花密集，大型；花萼钟状，裂片齿卵状三角形，外向微卷，无凸起的纵肋。花冠筒细长，漏斗状，橙红色至鲜红色，长约为花萼长的 3 倍。蒴果长圆柱形，顶生具喙尖，沿缝线具龙骨状凸体。花期夏、秋季。

习性

喜高温、多湿的气候，较耐寒。生性强健。

分布

原产于美洲，在中国广西、湖南、浙江、江苏等地庭园有栽培。越南、印度、巴基斯坦也有分布。

应用

可定植在花架、花廊、假山、枯树或墙垣边。

非洲凌霄 *Podranea ricasoliana*

别名：紫云藤、肖粉凌霄

常绿半蔓性灌木，植株高 0.6 ～ 1.2m，茎光滑，钝四棱形，多分枝；奇数羽状复叶，叶对生，小叶长卵状披针形，先端尖，叶缘具锯齿；具短叶柄，中肋锐棱，叶柄具凹沟，基部紫黑色。聚伞花序顶生，花 6 ～ 8 朵，花冠长筒状，花萼膨大；花红色，花瓣有紫红色条纹，芳香。花期 8 ～ 9 月。

习性

喜光照充足，喜温暖至高温的气候，极不耐旱，耐水湿。

分布

华南地区有栽培。原产非洲。

应用

适于庭园丛植、绿篱、花架或做大型盆栽。

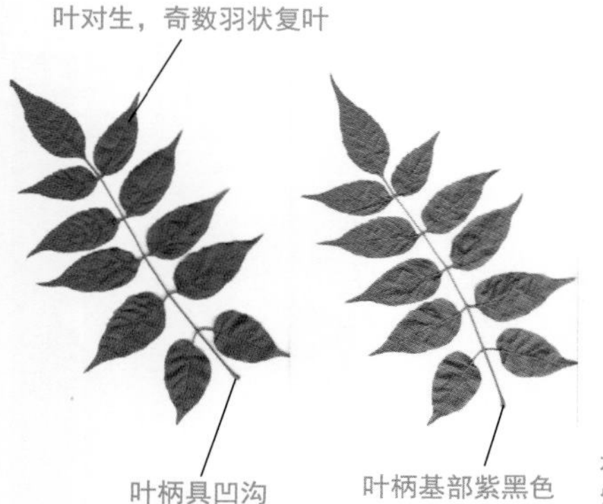

聚伞花序顶生
花冠长筒状，花萼膨大
花红色，有紫红色条纹

硬骨凌霄 *Tecomaria capensis*

别名：南非凌霄、四季凌霄

常绿攀缘藤本，呈灌木状，叶对生，为奇数羽状复叶，卵形至卵状披针形，顶端尾状渐尖，基部阔楔形，花萼钟状，分裂至中部，裂片披针形，花冠内面鲜红色，外面橙黄色，雄蕊着生于花冠筒近基部，花丝线形，细长，蒴果线形，顶端钝。花期 8 ～ 11 月。

习性

喜充足阳光，也耐半荫，耐寒、耐旱、耐瘠薄。

分布

长江流域以及河北、山东、河南、福建、广东、广西、陕西。

应用

用于棚架、假山、花廊、墙垣绿化，也可片植做灌木应用。

黄钟花 *Tecoma stans*

别名：金钟花

灌木或小乔木，奇数羽状复叶，小叶5～13枚，长圆形或披针形，花淡黄色，芳香，排成总状或圆锥花序，花冠漏斗状，果实长条形。花期长，盛花期7～10月。

习性

性喜湿润，宜半日照，不耐旱，能耐涝。

分布

中美洲和南美洲及我国热带地区。

应用

适合园林绿地孤植、列植、丛植。

小叶长圆形或披针形

小叶5～13枚

小驳骨 *Justicia gendarussa*

别名：小接骨、驳骨草、驳骨丹、裹篱樵

多年生草本或亚灌木，高约1m。茎直立、圆柱形，青褐色或紫绿色，节膨大，枝多数；单叶，对生，纸质，狭披针形至披针形，长5～10cm，顶端渐尖，基部渐狭，全缘。穗状花序顶生，下部间断，上部花密；花冠白色或粉红色，带淡紫色斑点，长1.2～1.4cm，上唇长圆状卵形，下唇浅3裂。苞片钻状，披针形。蒴果长1.2cm。花期3～5月；果期夏季。

习性

喜光，耐半阴，全日照、半日照均能生长；喜温暖，不耐寒；喜湿，稍耐干旱。生性强健。

分布

产于中国华南、西南等地。印度、斯里兰卡、马来半岛也有分布。

应用

庭园栽植或盆栽供观赏，也做切花。常片植或做绿篱。

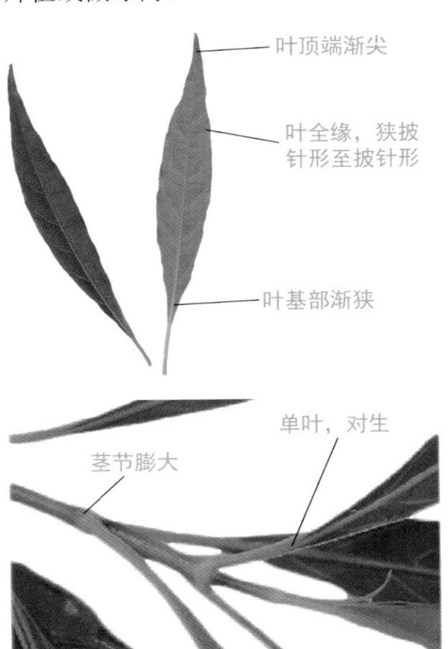

鸡冠爵床 *Odontonema tubaeforme*

别名：鸡冠红、红苞花、红楼花

常绿小灌木，丛生，株高 0.6 ～ 1.2m。茎枝有棱，茎节肿大，自然分枝少。叶对生，卵状披针或卵圆状，叶面有波皱，先端渐尖，基部楔形。穗状花序顶部鸡冠状，花红色，花梗细长；花萼钟状，5 裂；花冠长管形，二唇形，上唇 2 裂，下唇 3 裂；蒴果，背裂 2 瓣。花期 9 ～ 12 月。

习性

喜温暖、湿润和阳光充足的环境，稍耐荫，不耐寒，耐干旱。

分布

华南热带雨林区及中美洲热带雨林区。

应用

适合丛植、片植、布置花坛，也用于切花。

金苞花 *Pachystachys lutea*

别名：黄花虾衣花、金苞爵床

常绿亚灌木，茎节膨大，高 0.2 ～ 0.7m。叶对生，长椭圆形、长卵形。叶脉明显，穗状花序顶生；苞片心形，金黄色，苞片层层叠叠，并伸出白色小花，形似虾体而得名。花白色，花期夏、秋季。

习性

喜高温高湿和阳光充足的环境，比较耐阴。

分布

世界各地有引种栽培，中国多地有栽培。

应用

适合丛植、片植、布置花坛，或作会场、厅堂、居室及阳台装饰，也用于切花。

翠芦莉 *Ruellia brittoniana*

别名：蓝花草、兰花草

灌木状，多年生草本，株高可达 0.9m。茎略呈方形，红褐色。叶对生，线状披针形。暗绿色，新叶及叶柄常呈紫红色，叶全缘或疏锯齿。花腋生，花冠蓝紫色，5 瓣。蒴果。种子成熟后蒴果会裂开，散出细小如粉末状的种子。花期 5 ～ 11 月。

习性

喜高温，耐酷暑，耐旱和耐湿力均较强。耐贫瘠力强，耐轻度盐碱土壤。对光照要求不严，全日照或半日照均可。

分布

华南地区有栽培。

应用

常栽于道路两旁、门前、墙脚或做花坛、绿篱配置观赏。

红花芦莉 *Ruellia elegans*

别名：艳芦莉、大花芦莉、美丽芦莉草

常绿亚灌木，株高可达0.9m。叶对生，椭圆状披针形或长卵圆形，微卷，先端渐尖，基部楔形。花腋生，花冠筒状，5裂，鲜红色，花姿幽美，花期夏秋至冬季。

习性

喜温暖、湿润和阳光充足的环境，稍耐阴，不耐寒。

分布

华南地区有栽培。

应用

可孤植、丛植或片植，适合路边、林缘下美化，也适合庭院的路边、墙垣边栽培或盆栽。

叶对生，椭圆状披针形或长卵圆形

花腋生，花冠筒状，5裂

叶微反卷，先端渐尖，基部楔形

叶全缘，网脉明显

金脉爵床 *Sanchezia nobilis*

别名：黄脉爵床、金鸡腊、金叶木

常绿直立灌木，高可达2m。嫩枝四菱形，茎鲜红色。叶对生，具1～2.5cm的柄，长椭圆形，顶端渐尖，边缘为波状圆齿；有12～15对黄色或乳白色羽状侧脉；叶脉黄色，偶有红色纵纹。顶生穗状花序；苞片大，橙黄色；花冠黄色，管状，二唇形；花萼褐红色。花期为春至秋季。

习性

耐半阴，忌强光直射；喜温暖、湿润环境，不耐旱、不耐寒。

分布

华南地区广泛栽培。

应用

庭园内丛植、片植。室内盆栽适宜家庭、宾馆和橱窗布置。

花冠黄色，管状，二唇形

叶中脉黄色，并有红色纵纹

直立山牵牛 *Thunbergia erecta*

别名：蓝吊钟、硬枝老鸦嘴、兰吊钟、立鹤花

常绿半蔓性灌木，多分枝，初被稀疏柔毛，成熟的分枝基部被黄褐色柔毛。叶近革质，卵形到披针形，有时菱形，长 2 ～ 6cm，宽 0.7 ～ 3.5cm，先端渐尖，基部楔形到圆形，边缘具波状齿或不明显 3 裂，有时沿主脉及侧脉有稀疏短糙伏毛，羽状脉，侧脉 2 ～ 3，两面凸起。叶柄长 0.2 ～ 0.5cm；花蓝紫色，单生于叶腋，花后花梗延伸；小苞片白色，长圆形，花萼成 12 不等小齿；花冠管白色，喉黄色，冠檐紫堇色，内面散布有小圆透明凸起，蒴果无毛。花期 7 ～ 12 月。

习性：

喜高温、高湿、阳光充足的环境，较耐荫、耐旱，但不耐寒。抗性强，耐修剪。

分布：

华南地区广泛栽培。热带西部、非洲有分布。

应用：

适合做盆栽观花植物及庭院布置，也可做花篱和植物造型。

花梗无毛

花萼成12不等小齿状

花冠管白色

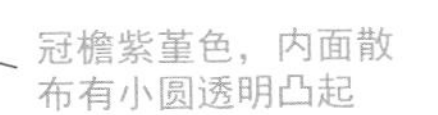

喉部黄色

冠檐紫堇色，内面散布有小圆透明凸起

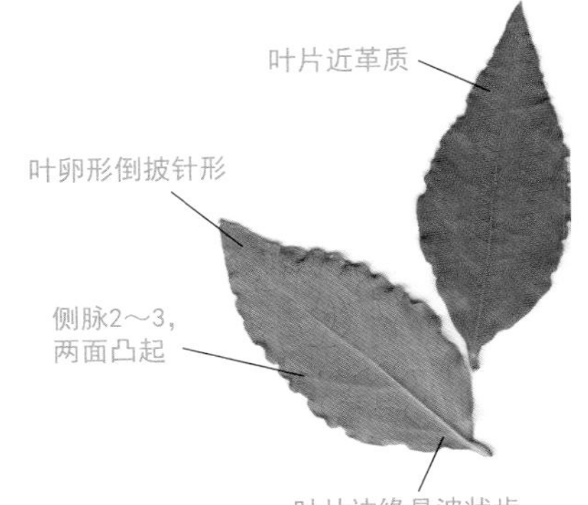

叶片近革质

叶卵形倒披针形

侧脉2～3，两面凸起

叶片边缘具波状齿

臭牡丹 *Clerodendrum bungei*

别名：大红袍、臭八宝、矮童子、野朱桐、臭枫草、臭珠桐

常绿灌木，高 1 ～ 2m，植株有臭味；花序轴、叶柄密被褐色、黄褐色或紫色脱落性的柔毛；小枝近圆形，皮孔显著。叶对生，纸质，宽卵形或卵形，长 8 ～ 20cm，宽 5 ～ 15cm，基部宽楔形、截形或心形，边缘具粗或细锯齿，侧脉 4 ～ 6 对，表面散生短柔毛，基部脉腋有数个盘状腺体；叶柄长 4 ～ 17cm。聚伞花序顶生，密集；花冠淡红色、红色或紫红色，花冠管长 2 ～ 3cm；雄蕊及花柱均突出花冠外；核果近球形，径 0.6 ～ 1.2cm，成熟时蓝黑色。花果期 5 ～ 11 月。

习性

喜温暖潮湿、半阴环境，适应性强，耐寒耐旱，也较耐荫。

分布

河北、河南、陕西、浙江、安徽、江西、湖北、云南、贵州、广东等地。

应用

适宜片植于园林坡地、林下或树丛、水沟旁，还可作为优良的水土保持植物，用于护坡。

幼枝褐色，近圆形，皮孔显著　　叶对生，叶柄长

雄蕊及花柱均突出花冠外

聚伞花序顶生

叶片宽卵形或卵形　　叶缘具锯齿

叶基宽楔形、截形或心形　　基部脉腋有数个盘状腺体　　叶柄被柔毛

赪桐 *Clerodendrum japonicum*

别名：贞桐花、状元红、荷苞花

常绿灌木，植株高 1.5 ～ 2m，茎直立，不分枝或少分枝；幼茎四方形，深绿色至灰白色。叶对生，心形，长 15 ～ 20cm，宽 16 ～ 20cm，纸质，腹面深绿色，背面灰绿色；表面疏生伏毛，背面密具锈黄色盾形腺体，叶缘浅齿状；叶柄特长，可达叶片的 2 倍，密生黄褐色短柔毛。总状圆锥花序，顶生，向一侧偏斜；花小，但花丝长；花萼、花冠、花梗均为鲜艳的深红色，花萼外面疏被短柔毛，散生盾形腺体。果实椭圆状球形，绿色或蓝黑色，宿萼增大，成熟后向外反折成星状。花果期 5 ～ 11 月。

习性

喜高温、湿润环境，耐荫蔽，耐瘠薄，忌干旱，忌涝，畏寒冷。

分布

江苏、浙江南部、江西南部、湖南、福建、台湾、广东、广西、四川、贵州、云南。

应用

成片栽植效果极佳。宜片植于园林坡地、林下或树丛旁。

圆锥花序顶生，花小

花丝长

蓝蝴蝶 *Clerodendrum ugandense*

别名：紫蝶花、紫蝴蝶、花蝴蝶

常绿灌木，幼枝方形，紫褐色，高0.6～1.2m；叶对生，倒卵形至倒披针形，先端尖或钝圆，叶缘上半段有浅锯齿，下半段全缘。花朵形似蝴蝶，浅蓝到紫色。因形似蝴蝶而得名蓝蝴蝶。圆锥花序顶生。杯形花萼5裂，裂片圆形，绿带紫色。花瓣平展，花冠两侧对称，花冠白色，唇瓣紫蓝色，雄蕊细长。花朵盛开时酷似群蝶飞舞。果实椭圆球状，径约0.5～0.8cm。表面具点状纹路。花果期7～11月。

习性

喜高温、半荫环境，冬季需温暖避风越冬。适应半日照至全日照的环境。但烈阳会至叶片黄化。

分布

广东有栽培。原产非洲乌干达。

应用

适宜片植于树丛旁或配置花境。

金叶假连翘 *Duranta erecta* 'Golden Leaves'

别名：黄金叶、黄金露花

常绿灌木，株高 0.2 ～ 2.0m，枝下垂或平展。叶对生，叶长卵圆形，新叶呈金黄色，老叶呈黄绿色。卵椭圆形或倒卵形，长 2 ～ 6.5cm，中部以上有粗齿。花蓝色或淡蓝紫色，总状花序呈圆锥状，核果橙黄色，有光泽。花期 5 ～ 10 月。

习性

喜高温，耐旱；好强光，能耐半阴；生长快，耐修剪。

分布

华南地区广为栽培，华中和华北地区多为盆栽。

应用

适用于花坛、花槽及绿篱，可丛植、列植或群植；也可修剪造型或做墙面绿化植物。

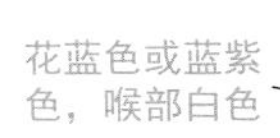

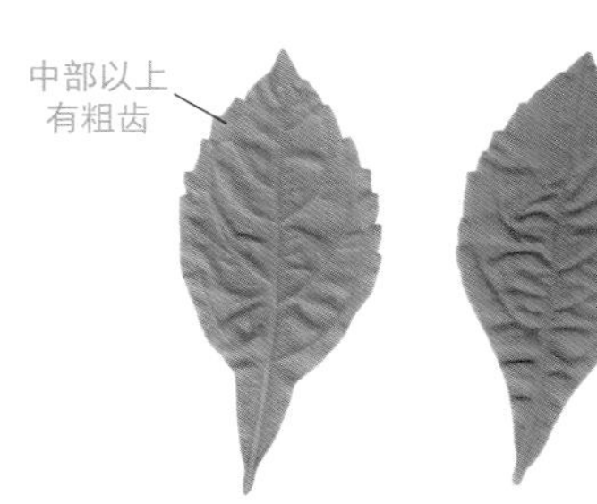

花叶假连翘 *Duranta repens* 'Variegata'

常绿灌木，株高1～3m。枝条纤细柔弱，有皮刺，幼枝有柔毛。叶对生，卵状椭圆形或卵状披针形，纸质，顶端渐尖或钝，基部楔形，有黄色或黄白色斑纹，具锯齿。总状花序顶生或腋生，花小，高脚碟状，花萼管状；花冠通常蓝紫色。核果球形，有光泽，熟时红黄色，有光泽，由增大的宿存花萼包围。夏、秋、冬开花，边开花边结果。

习性

喜光，喜温暖、湿润气候，日照需充足。

分布

华南、华中地区有种植。原产墨西哥和巴西。

应用

适用于花坛、花槽及绿篱，可丛植、列植或群植，也可修剪造型。

枝条柔弱下垂

叶对生

叶有黄色或黄白色斑纹，具锯齿

花小，高脚碟状，花萼管状。总状花序顶生或腋生

花冠通常蓝紫色，喉部带白色

枝条有皮刺，幼枝有柔毛

矮生假连翘 *Duranta repens* ‘Dwarftype’

别名：金露花

常绿蔓性灌木，枝条纤细柔弱，株高1～3m。是假连翘栽培的园艺品种，叶对生，有黄色斑纹，具锯齿。四季开花，以夏、秋为盛期，花多而密，花冠较大，深紫色。

习性

喜光，喜温暖、湿润气候，日照需充足。

分布

华南、华中地区有种植。原产墨西哥和巴西。

应用

适于花坛、花槽及绿篱，可丛植、列植或群植，也常修剪造型。

花冠较大，深紫色

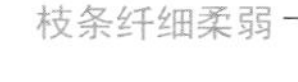

叶对生

核果黄色

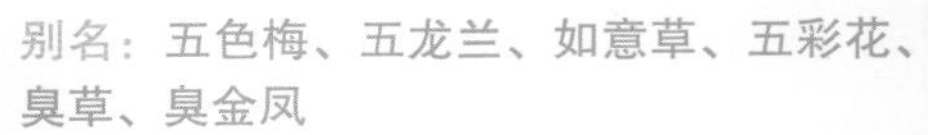

马缨丹 *Lantana camara*

花冠黄色或橙黄色，开花后不久转为深红色

别名：五色梅、五龙兰、如意草、五彩花、臭草、臭金凤

直立或披散灌木，常绿，高 1 ～ 2m；茎、枝均呈四方形，有短柔毛。单叶对生，揉烂后有强烈的气味；叶片卵形至卵状长圆形，长 3 ～ 8.5cm，边缘有钝齿。花序直径 1.5 ～ 2.5cm；花冠黄色或橙黄色，开花后不久转为深红色，花冠管长约 1cm。果圆球形，直径约 4mm，成熟时紫黑色。全年开花。

习性

喜阳光充足，喜高温、高湿环境；耐旱，不择土壤。

分布

台湾、福建、广东、广西等地。世界热带地区均有分布。

应用

多为野生。

果圆球形

单叶对生；揉烂后有强烈的气味

边缘有钝齿

茎、枝均呈四方形，有短柔毛，密生短刺

黄花马缨丹 *Lantana camara* 'Flava'

叶交互对生

常绿披散或直立灌木。株高0.5～1m，花冠金黄色，极为亮丽耀目，生长快速，枝叶密集，植株有刺激性气味。

习性

喜高温，日照需强烈，排水需良好。

分布

海南、广东等地。

应用

常植于小花坛、花台、花境、花槽等处，是优良的地被植物。

花冠金黄色

小枝四棱形，易折断

叶缘有锯齿，叶两面粗糙

蔓马缨丹 *Lantana montevidensis*

别名：紫花马樱丹

常绿蔓性灌木。植株有强烈气味，具长蔓，细小无刺。枝下垂被毛，长0.7～1m，小枝四棱。叶薄，粗糙，卵形，长约2.5cm，叶缘有锯齿，叶基骤狭。头状花序，直径约2.5cm，具长总花梗；花细小，长约1.2cm，淡紫红色；苞片阔卵形。花期全年。

习性

喜阳光充足、温暖、潮湿的环境，不拘土质，日照需强烈。

分布

华南地区有种植。热带地区广泛栽培。

应用

常植于小花坛、花台、花境、花槽等处，是优良的地被植物。

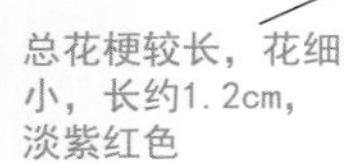

附录一：观赏类型索引

一、观叶类

1.绿叶系列

2.色叶与斑色叶系列

3.变色叶系列

二、观花类

1.红花系列

2.黄花系列

3.紫花系列

4.白花系列

5.变色及其他

三、观果类

四、观姿类

五、观干类

附录二：拼音索引

附录三：学名索引

参考文献

[1] 汪劲武．种子植物分类学 [M]．北京：高等教育出版社，2009：1-312.
[2] 庄雪影．园林树木学 [M]．广州：华南理工大学出版社，2014：54-280.
[3] 邢福武，曾庆文，陈红锋． 中国景观植物 [M]．武汉：华中科技大学出版社，2009：1-1693.
[4] 深圳市仙湖植物园等． 深圳园林植物续集（一）[M]．北京：中国林业出版社，2004：1-356.
[5] 薛聪贤．景观植物实用图鉴 2[M]．广东：广东科技出版社，1999：6-85.
[6] 薛聪贤．景观植物实用图鉴 6[M]．浙江：浙江科学技术出版社，2000：6-85.
[7] 薛聪贤．景观植物实用图鉴 9[M]．北京：北京科学技术出版社，2001：6-85.
[8] 薛聪贤．景观植物实用图鉴 13[M]．北京：北京科学技术出版社，2002：6-72.
[9] 薛聪贤．景观植物实用图鉴 14[M]．北京：北京科学技术出版社，2002：6-83.
[10]《中国高等植物彩色图鉴》编委会．中国高等植物彩色图鉴 [M]．北京：科学技术出版社，2016：第 3 卷至第 7 卷．

后记

在30多年工作中，我先后从事过林业和园林的教学、科研以及城市园林管理、工程施工岗位的工作，长期与花草树木相依相伴、朝夕相处。工作中，学生、同事以及一线生产工人常问我两个问题：一是无花无果时怎样识别相似的树种；二是落叶时如何识别树种。野外植物识别主要依靠花、果和叶等部位的形态特征，但“好花不常开”，实际工作中通常是在无花无果情况下识别应用的。因此，更需要熟练掌握从叶片、叶序、枝条、树皮以及树形等特征区别常用植物的本领。用传统的方法识别植物，概括起来就是通过“看”、“摸”、“嗅”、“尝”的途径对植物进行综合的判断。事实上某些树木只要掌握一二个特征或仅凭触摸就可快速区别，如木棉（Bombax ceiba）、美丽异木棉（Chorisia speciosa）及马拉瓜栗（Pachira macrocarpa）三种树木，触摸叶缘及小叶柄即可快速区别，落叶后则可通过树皮区别；又如有些采购人员认为凤凰木（Delonix regia）、南洋楹（Falcataria moluccana）、蓝花楹（Jacaranda mimosifolia）容易混淆，其实只要关注他们小叶的细节就可迎刃而解。凤凰木为偶数羽状复叶，主脉居中；南洋楹同为偶数羽状复叶，但主脉不居中、小叶两侧不对称；蓝花楹是奇数羽状复叶，顶生小叶尾状。

多年来，编者一直想编一本关于树木识别的书，由于拍摄植物形态特征的照片花费大量时间，因此迟迟未能成书。这次在多位同仁及学生的协助下编辑成书，首先感谢他们的支持和参与，还要感谢深圳市科技创新委员会的项目（深圳园林植物物种图像数据库与计算机智能识别系统的开发研究）支助；感谢我的工作单位深圳大学，感谢深圳市国艺园林建设有限公司的鼎力支助；感谢中国建筑工业出版社曲汝铎等同志的辛勤劳动。此外还要感谢华南农业大学成人班的余军、何晓燕等同学热心提供部分照片，感谢蒋华平先生、朱辉祥先生为本书提供部分照片，感谢尹婷辉、夏德美两位同学协助完成部分文字工作。还有为本书的编辑出版提供过帮助的其他朋友，特此致谢！

在本书定稿前，我国著名的植物分类学家、华南农业大学八十高龄的李秉滔教授亲自审阅指正并为本丛书作序，我们感激之情难以言表。